想像力が世界を支配する

Imagination rules the world.

はじめに神は天と地とを創造された。

地は形なく、むなしく、やみが淵のおもてにあり、神の霊が水のおもてを
おおっていた。
神は「光あれ」と言われた。すると光があった。
神はその光を見て、良しとされた。神はその光とやみとを分けられた。
神は光を昼と名づけ、やみを夜と名づけられた。

神はまた言われた、
「われわれのかたちに、われわれにかたどって人を造り、
これに海の魚と、空の鳥と、家畜と、地のすべての獣と、
地のすべての這うものとを治めさせよう」。
神は自分のかたちに人を創造された。
すなわち、神のかたちに創造し、男と女とに創造された。

神は彼らを祝福して言われた、
「生めよ、ふえよ、地に満ちよ、地を従わせよ。
また海の魚と、空の鳥と、地に動くすべての生き物とを治めよ」。

神はまた言われた、
「わたしは全地のおもてにある種をもつすべての草と、
種のある実を結ぶすべての木とをあなたがたに与える。
これはあなたがたの食物となるであろう。
また地のすべての獣、空のすべての鳥、地を這うすべてのもの、
すなわち命あるものには、食物としてすべての青草を与える」。

主なる神は東のかた、エデンに一つの園を設けて、その造った人をそこに置かれた。

「あなたは園のどの木からでも心のままに取って食べてよろしい。
しかし善悪を知る木からは取って食べてはならない。
それを取って食べると、きっと死ぬであろう。」

人がひとりでいるのは良くない。彼のために、ふさわしい助け手を造ろう。

主なる神は人から取ったあばら骨でひとりの女を造り、
人のところへ連れてこられた。

彼らを男と女とに創造された。
彼らが創造された時、神は彼らを祝福して、その名をアダムと名づけられた。

それで人はその父と母を離れて、
妻と結び合い、一体となるのである。
人とその妻とは、ふたりとも裸であったが、
恥ずかしいとは思わなかった。

へびは女に言った、
「あなたがたは決して死ぬことはないでしょう。それを食べると、
あなたがたの目が開け、神のように善悪を知る者となることを、
神は知っておられるのです」。

目には美しく、賢くなるには好ましいと思われたから、その実を取って食べ、
また共にいた夫にも与えたので、彼も食べた。
すると、ふたりの目が開け、自分たちの裸であることがわかったので、
いちじくの葉をつづり合わせて、腰に巻いた。

神は言われた、「あなたが裸であるのを、だれが知らせたのか。
食べるなと、命じておいた木から、あなたは取って食べたのか」。

女に言われた、
「わたしはあなたの産みの
苦しみを大いに増す。
あなたは苦しんで子を産む。
それでもなお、あなたは
夫を慕い、彼はあなたを
治めるであろう」。

更に人に言われた、
「あなたが妻の言葉を聞いて、食べるなと、
わたしが命じた木から取って食べたので、
地はあなたのためにのろわれ、
あなたは一生、苦しんで地から食物を取る。
地はあなたのために、いばらとあざみとを生じ、
あなたは野の草を食べるであろう。
あなたは顔に汗してパンを食べ、
ついに土に帰る、あなたは土から取られたのだから。
あなたは、ちりだから、ちりに帰る」

主なる神は彼をエデンの園から追い出して、
人が造られたその土を耕させられた。

人はその妻の名をエバと名づけた。

彼女はみごもり、カインを産んで言った、
「わたしは主によって、ひとりの人を得た」。
彼女はまた、その弟アベルを産んだ。
アベルは羊を飼う者となり、カインは土を耕す者となった。
彼らが野にいたとき、
カインは弟アベルに立ちかかって、これを殺した。

主は言われた、
「あなたは何をしたのです。あなたの弟の血の声が土の中からわたしに
叫んでいます。今あなたはのろわれてこの土地を離れなければなりません。
この土地が口をあけて、あなたの手から弟の血を受けたからです。
あなたが土地を耕しても、土地は、もはやあなたのために実を結びません。
あなたは地上の放浪者となるでしょう」。

カインは主に言った、「わたしの罰は重くて負いきれません。
あなたは、きょう、わたしを地のおもてから追放されました。
わたしはあなたを離れて、地上の放浪者とならねばなりません。
わたしを見付ける人はだれでもわたしを殺すでしょう」。
主はカインに言われた、
「いや、そうではない。だれでもカインを殺す者は七倍の復讐を受けるでしょう」。

カインは主の前を去って、エデンの東、ノドの地に住んだ。
カインはその妻を知った。彼女はみごもってエノクを産んだ。
カインは町を建て、その町の名をその子の名にしたがって、エノクと名づけた。

エノクにはイラデが生れた。
イラデの子はメホヤエル、メホヤエルの子はメトサエル、
メトサエルの子はレメクである。

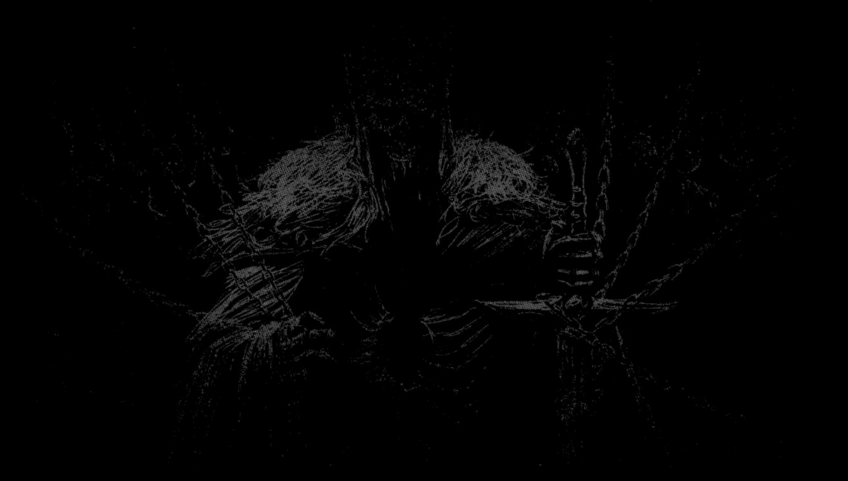

レメクはその妻たちに言った、「アダとチラよ、わたしの声を聞け、
レメクの妻たちよ、わたしの言葉に耳を傾けよ。
わたしは受ける傷のために、人を殺し、
受ける打ち傷のために、わたしは若者を殺す。
カインのための復讐が七倍ならば、レメクのための復讐は七十七倍」

時に世は神の前に乱れて、暴虐が地に満ちた。

神が地を見られると、それは乱れていた。
すべての人が地の上でその道を乱したからである。
そこで神はノアに言われた、「わたしは、すべての人を絶やそうと決心した。
彼らは地を暴虐で満たしたから、わたしは彼らを地とともに滅ぼそう。

こうして七日の後、洪水が地に起った。

地の上に動くすべて肉なるものは、鳥も家畜も獣も、
地に群がるすべての這うものも、すべての人もみな滅びた。

ノアが箱舟のおおいを取り除いて見ると、
土のおもては、かわいていた。

ノアは共にいた子らと、妻と、子らの妻たちとを連れて出た。

神はノアとその子らとを祝福して
彼らに言われた、
「生めよ、ふえよ、地に満ちよ。」

全地の民は彼らから出て、広がったのである。

これらはノアの子らの氏族であって、
血統にしたがって国々に住んでいたが、洪水の後、
これらから地上の諸国民が分れたのである。

全地は同じ発音、同じ言葉であった。

時に人々は東に移り、シナルの地に平野を得て、そこに住んだ。

彼らはまた言った、「さあ、町と塔とを建てて、
その頂を天に届かせよう。そしてわれわれは名を
上げて、全地のおもてに散るのを免れよう」。

時に主は下って、人の子たちの建てる町と塔とを見て、
言われた、「民は一つで、みな同じ言葉である。彼らは
すでにこの事をしはじめた。彼らがしようとする事は、
もはや何事もとどめ得ないであろう。
さあ、われわれは下って行って、そこで彼らの言葉を乱し、
互に言葉が通じないようにしよう」。

こうして主が
彼らをそこから全地のおもてに散らされたので、
彼らは町を建てるのをやめた。
これによってその町の名はバベルと呼ばれた。
主がそこで全地の言葉を乱されたからである。
主はそこから彼らを全地のおもてに散らされた。

《本書の掲載内容について》
● 国際標準化機構が発行した国コードのある地域と「国」と訳される地域名（連邦構成国等）より抜粋し掲載。
● 各情報は近年（～ 2023.4）の情報。
● 国旗の一部は、地域の旗を掲載。
国章は一部で、国章に準じる紋章や旗のデザインを掲載。
● レーダーグラフの数値が不明な部分は、宗主国がある場合はその値、独立国の場合は平均値を基準に情勢に照らして便宜的に記している。

30 サンピエール
47 バミューダ
45 バハマ国
32 ジャマイカ
43 ハイチ共和国
60 モントセラト
21 エルサルバドル
23 カリブ・オランダ
24 ギアナ
58 ミクロネシア連邦
41 ナウル共和国
38 ツバル
37 ソロモン諸島
25 クック諸島
50 ピトケアン
54 ボリビア多民族国
40 トンガ王国
42 ノーフォーク島
49 パラグアイ共和国
アメリカ
ニュージーランド

INDEX

《あ》

《か》

《さ》

《た》

《な》

《は》

《ま》

《や》

《ら》

アイスランド共和国

Republic of Iceland

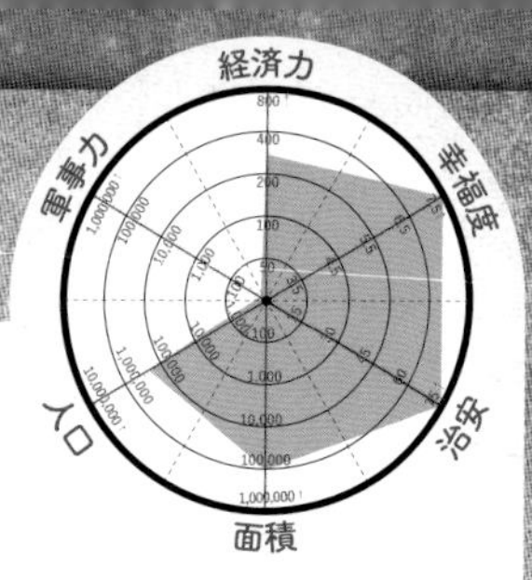

人口 380,000人
面積 103,000km^2
GDP 278.4億ドル
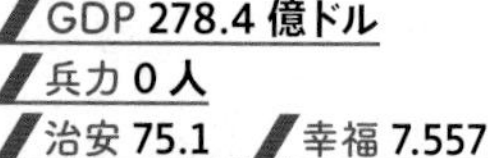
兵力 0人
治安 75.1　幸福 7.557

国名コード➡ IS / ISL
主な住民➡ アイスランド人
主な言語➡ アイスランド語
主な宗教➡ 福音ルーテル派（国教）
主な産業➡ 観光業、水産業、水産加工業、金属（アルミニウム精練）

ベルセルク狂戦士 氷と火のヴァイキング国家

海賊の中でも、北欧で活動していた集団はヴァイキングと呼ばれていた。

フィヨルドという氷河の侵食作用によって複雑な地形になった湾岸地域「ヴィーク」に住む人々を「ヴァイキング」と呼んだのが語源とされる。

古くから、ヨーロッパ各地をはじめ、東アジア・中東へも交易を行っていた彼らは、人口増加による食糧不足や、宗教的圧迫から8世紀末期になると略奪者「ヴァイキング」となっていく。培われた航海術や知識、工業的・軍事的な技術により周辺のヨーロッパ諸国を圧倒していく。

優れた船を使って、浅瀬を進み川を上って内陸まで侵略、なかでも凶暴な戦士たちは、狂戦士と怖れられた。北欧神話で「異能の戦士＝**ベルセルク**」に擬えられる。

アイスランドには870年頃に、はじめてヴァイキングに率いられた一族が移住を始める。その後、ヴァイキングが活動するノルウェー地域がハーラル一世（美髪王）によって統一されると、統治を拒否した豪族たちを中心におよそ2万人がアイスランドに移住。定住地域によって自治が行われ闘争が繰り広げられたが、その後、全島の統治機関として**世界最古の独自民主議会**が設けられた。

12世紀頃になると「サガ（物語）」という散文文学が生まれ、数々の物語が記録された。歴代ノルウェー王の生涯を記録したものから、アイスランド人の「血の復讐」と呼ばれる報復の応酬を巡った物語、さらにグリーンランドの入植と、彼らが北方ルートで大西洋を横断して北アメリカ（**ヴィンランド**）に住む人々と遭遇した開拓の記述も残されている。コロンブスのアメリカ大陸発見よりも約500年前のことだ。

13世紀にはノルウェーの事実上植民地となり、14世紀にはデンマークの統治下に入る。20世紀になってデンマーク国王を元首にした同君連合国家アイスランド王国として独立を認められ、第二次世界大戦中の1944年にアイスランド共和国が成立した。

火山活動により1600万年前に誕生したというアイスランド島。「**氷と火の国**」という異名をもち、北極に近く多くの氷河がある一方、火山地帯のため地熱を利用した暖房や発電、氷河の溶解水を水源とした水力発電など全て再生可能エネルギーで賄われている。

北欧神話では、世界は巨大で空虚な「裂け目（ギンヌンガガプ）」に氷と炎が衝突し誕生したとされている。

アトス自治修道士共和国
Autonomous Monastic State of the Holy Mountain

人口 1,811人
面積 336km²
GDP（自給自足）
兵力 0人
治安 不明 幸福 概念なし

経済力 幸福度 治安 面積 人口 軍事力

国名コード➡ GR-69（ギリシャ行政区）
主な住民➡ ギリシャ人ほか
主な言語➡ ギリシャ語
主な宗教➡ 正教会
主な産業➡ フレスコ画、自給自足

女人禁制の修道士の国

ギリシャ国内にありながら、治外法権が認められたアトス自治修道士共和国。ギリシャ正教最大の聖地であり、国民は**全員男性**で家畜までオスに限定された女人禁制の宗教国家。
20の修道院の代表から構成された共同体によって統治され、それらから選ばれた終身の修道司祭がいる。
エーゲ海に突き出した半島の先端のアトス山にあり、ギリシャ本土からは高い標高の岩山に囲まれ陸路は深い森で隔たれている。海に面した断崖絶壁に、まるで世界とは隔絶された異世界のような地だ。
ギリシャ神話において、**巨人族ギガス（ギガンテス）**のひとりであるアトスは、海神ポセイドンに巨大な岩を投げ付けた。このとき海に突き刺さった山がアトス山で、古くから聖山とされた。
さらに、聖母マリアが旅の途中にアトスの海岸に避難したという伝承から「神の母」が宿る霊峰として信仰を集めた。
近年、入国は制限され、巡礼によるものまたは特別に許可された男性だけが船に乗り崖の下から上陸することができる。女性は岸から500m以内に近づくことすらできない。点在する修道院に2,000人ほどの修道士が祈りと共に、畑仕事や畜産、木工や陶芸、織物などの労働を行い、半自給自足の規則正しい生活を送っている。私的財産は認められず、基本的には二度と外に出ることはなく、一生をこの地で終える厳格な共同生活が守られている。またユリウス・カエサル（ジュリアス・シーザー）が布告したユリウス暦が使用され、一般的な暦とは日時が異なった時間がこの国には流れている。
古代ギリシャ時代から修道士たちが世俗を離れ生活し、東ローマ帝国時代には、修道院が建設されるようになる。中世には修道士たちは独自の組織を持ち、自治的に運営されるようになった。
15世紀になると、イスラム教のオスマン帝国によるギリシャの支配が始まりアトス半島もその支配下に置かれたが、オスマン帝国は修道院を尊重し**自治を認めた**。
その後、ギリシャが独立し現在もアトス自治修道士共和国は東方正教会修道士たちによって運営されている。
近年、アトスには運搬のための自動車や電話のアンテナ塔が建てられ最低限の外界との通信手段が設置されたが、いずれも使用は制限され、修道士たちは静寂と祈りの生活を送っている。

アルバニア共和国

Republic of Albania

人口 2,840,000 人
面積 28,700km²
GDP 185.1 億ドル
兵力 9,000 人
治安 54.3　幸福 5.199

国名コード➡ AL / ALB
主な住民➡ アルバニア人
主な言語➡ アルバニア語
主な宗教➡ イスラム教
主な産業➡ 農業、建設業、販売業、製造業

ネズミ講で破綻した極振りすぎる国家

古代よりローマ帝国やオスマン帝国の領土だったこの地域でアルバニア人としての民族意識が高まり、20 世紀のはじめに独立。ドイツ貴族のヴィート公を迎え入れアルバニア「**公国**」が誕生する。

しかし第一次世界大戦でヴィート公が国外に逃亡、無政府状態に陥る。君主不在で「**共和国**」制とするが、政情は不安定なままであった。その後、大統領自身がそのまま王位につき、今度は「**王国**」となった。しかし第二次世界大戦の序盤にイタリア軍に占領されると、王は亡命してしまう。アルバニアは併合されたが、イタリアが連合国に降伏すると、今度はドイツが代わりに進駐。ドイツの支配のもと、一部のアルバニア民族主義者は**ナチスの親衛隊**に入隊した。

一方これらのファシズム支配に反対する市民はパルチザン闘争を続け、その後のソビエト連邦軍の支援によってようやく全土解放がなされたため、終戦後は、**社会主義**国家となる。

しかし、ソビエト連邦のスターリンの死後、ソビエト連邦に対して批判を展開。国交を断交し、国民すべてに行き渡る量の銃器を確保し、さらに 50 万個以上のトーチカ（防御陣地）を国内のいたるところに建造。**核戦争を想定**して 100 以上も部屋がある巨大な核シェルターを建設した。

また中国の文化大革命に刺激され「**無神国家**」を宣言、一切の宗教活動を禁止した。中国に接近することで大規模な援助を受けることに成功していたが、中国の毛沢東の死により改革開放路線（資本主義経済の導入）へ方針が変わった中国を批判、気がつくと国際社会から孤立していた。

米ソ冷戦終結後、鎖国的な**社会主義**体制をとってきたアルバニアだったが、欧州で最貧国とまで揶揄されるようになった中、政策を大転換。今度は**解放路線**を選択。急な自由経済の転換は制御を失い、未熟な市場経済に「ネズミ講（無限連鎖講）」が広まることとなる。数年のち国民の大半が財産を失い、もともと脆弱であったアルバニアの経済は一瞬で破綻した。これによってデモや抗議活動が全国で発生し、無秩序な暴動に発展した。

すぐさま総選挙が実施され新憲法を制定し騒動は収束したものの、未だ影響が大きく、国内の安定化のため新政府は国際機関や欧州連合の協定など、国際社会との協力関係を急いでいる。

アルメニア共和国
Republic of Armenia

- 人口 3,000,000 人
- 面積 29,800km²
- GDP 195.0 億ドル
- 兵力 42,900 人
- 治安 78.0　幸福 5.399

経済力 / 幸福度 / 治安 / 面積 / 人口 / 軍事力

国名コード➡ AM / ARM
主な住民➡ アルメニア系
主な言語➡ アルメニア語
主な宗教➡ キリスト教
主な産業➡ 農業、宝石加工（ダイヤモンド）、IT産業

ノアの方舟の漂着 ロンギヌスの槍

古代メソポタミア文明の一部であるアルメニア高原は、世界最古の文明発祥地のひとつで、紀元前９世紀ごろ、この文明が他の勢力と混ざり合ったことにより、現代につながるアルメニア人が誕生した。
紀元前６世紀ごろには国際的な商業活動を盛んに行い、紀元前２世紀に大アルメニア王国を築き繁栄する。
４世紀初頭には世界初のキリスト教国家となり、キリスト教の中心地のひとつとなるが、中世になると異なる勢力の支配を次々と受けるようになる。数多の侵略の結果として**世界中に離散**したアルメニア人は多言語に精通し、宮廷の通訳や商工業の担い手として各地にネットワークを広げて活躍した。
20 世紀初頭には念願の独立を果たすが、すぐさまソビエト連邦に併合され、アルメニア・ソビエト社会主義共和国として共産主義体制が敷かれた。
1991 年にソビエト連邦が崩壊すると、アルメニアは再び独立を宣言し、アルメニア共和国が成立した。
旧約聖書の創世記に登場する「ノアの方舟」。
神が人を造ったことを悔い、大洪水をもたらす。ノアは神が指示した通りに方舟を建造し、家族と世界中の動物を乗せて洪水を乗り切ったとされている物語だ。
アルメニアの伝説によれば、ノアの方舟はアララト山に漂着した。アルメニア教会の大聖堂には、発見された**ノアの方舟の残骸**の木片を使用したとされる十字架の置物がある。
さらに、イエス・キリストの磔の際にローマ兵士によって刺されたとされる槍「ロンギヌスの槍（聖槍）」も展示されている。
ロンギヌスの槍はアルメニアの大聖堂をはじめ、オーストリアの宮殿や、非公開ながらバチカンのサンピエトロ大聖堂にもあるとされ、それぞれの伝説を持つ。オーストリアの聖槍は、歴代のローマ皇帝が所有し権威の象徴として神聖化され、持ち主に「**世界を制する力を与えられる**」という不敗伝説を生んだ。のちのドイツ帝国ヒトラーも探し求めたと噂される。

アンドラ公国
Principality of Andorra

経済力 幸福度 治安 面積 人口 軍事力

人口 79,535 人
面積 468km²
GDP 34 億ドル
兵力 0 人
治安 不明（良い） 幸福 不明

国名コード➡ AD / AND
主な住民➡ アンドラ人、スペイン人
主な言語➡ カタルーニャ語
主な宗教➡ カトリック
主な産業➡ 観光業、金融業、流通業

別の国にいる司教と大統領が共同元首

フランスとスペイン国境のピレネー山脈の谷間にある小さな内陸国アンドラ。自然の中に、集落や牧草地、山小屋、鉄の精錬所跡などが点在しており、700 年以上にわたって山岳地域の人々が営んできた地だ。

9 世紀、イスラム教ムーア人侵入を防ぐための緩衝地帯として、スペイン辺境領となる。

その後、アンドラの地を巡りウルヘル司教とフォア伯爵との間で統治権をめぐる争いが発生したため、13 世紀に封建領主権を共有する「対等の宗主契約」を結び、両者が**共同領主**となるアンドラが誕生した。

共同領主の地位は、スペインに司教座があるウルヘル司教側では現在に至るまで代々引き継がれているが、伯爵側はフォア伯爵がフランス国王として即位して以来、代々のフランス国王に引き継がれ、現在のフランスの大統領に継承されている。

宗主契約以降はフランスとスペインの間で相互監視が働き、またアンドラの重要性が低かったため 2 国間の紛争はほとんど起こらなかった。軍隊を持たないためスペイン内戦の時期にはフランス軍が駐屯し、第二次世界大戦ではスペイン軍が駐留している。

1993 年新憲法が発足されアンドラは国家として独立した。それまで外交をフランスが代行してきたため、以後はアンドラ政府自身で行うことになったが、引き続きアンドラの国家元首はフランス大統領とウルヘル司教の共同元首と定められた。

両元首がアンドラの国務に直接携わったり来訪することはほとんどなく象徴的な地位となり、議会によって首相が選出されている。

裁判は原告の希望によりどちらかの元首の指名した**判事を選ぶ**ことができる。

郵便事業はフランスとスペインの両郵政公社に委託しているため、アンドラ切手はフランスとスペイン両国から発行され、**郵便ポストも両国**のものが2 つ並んで設置されているところが多い。郵便物は、貼付した切手と同じ国の郵便ポストに間違えないように投函しなければならない。

ピレネー山脈の雄大な自然に囲まれたスキーリゾートや温泉を中心に、低税率を活かした観光業が盛んだ。しかし隣国のフランス、スペインの景気に左右されやすい経済体質のため、EU（欧州連合）との経済関係や国際組織に加盟し、外資誘致や輸入関税をもう一つの収入として取り組んでいる。

ウドムルト共和国

Udmurt Republic （ロシア連邦構成国）

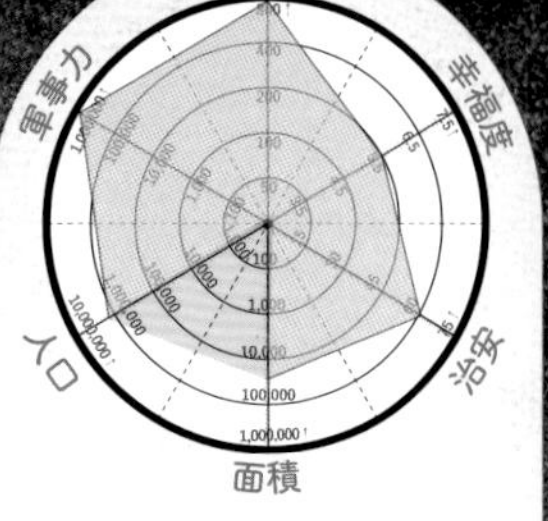

- 人口 **1,570,316 人**
- 面積 **42,100km²**
- GDP **ロシア連邦**
- 兵力 **ロシア連邦**
- 治安 **不明（ロシア連邦）**
- 幸福 **不明（ロシア連邦）**

国名コード➡ RU-UD（ロシア連邦行政区）
主な住民➡ ロシア人、ウドムルト人
主な言語➡ ロシア語、ウドムルト語
主な宗教➡ 正教会
主な産業➡ 武器、金属加工、木材加工、原油、石炭、ガラス工業

銃を持った 静かな巫術使い

ロシア西部に位置しウドムルト人が基幹民族のロシア連邦構成国のひとつ。ロシアでのウドムルト人総人口のうち多くがウドムルト共和国に暮らしている。

ウドムルト人は紀元前１世紀ごろから民族として確立していたが、国を形成することはなく小規模の集団で暮らしていた。自然崇拝から生まれた信仰はシャーマン（巫術使い）を生み出した。彼らは自然の中の精霊や神霊と交信し、時にはその巫術で病を治し、予言によって心を結びつけてきた。

イスラムモンゴル系の支配下を経て、その後ロシアの支配下になるが、ウドムルト人は常に平和的に支配者と共存することを選択していった。

ウドムルト人は、ロシア政府によるロシア正教会への改宗を受け入れるが、固有の**シャーマニズム**は静かに保たれていく。

ウドムルトは徐々にロシア人の入植者も増え、製鉄産業が発達し、工業都市として発展していく。

19 世紀初頭、帝政ロシアはナポレオン率いるフランスと敵対。武器生産を加速するため、ウドムルトは武器工場地帯となっていく。ソビエト連邦時代には、**重要な軍事工場**地域として外国人の立ち入りが禁止された**閉鎖都市**となった。

思慮深く内向的で伝統的に非戦闘民族のウドムルト人は、ロシア人入植者と共に武器製造に従事した。そして彼らが作った軍用銃は、世界大戦から冷戦における東側諸国の軍事力を支えていくこととなる。

ソビエト連邦崩壊後に、自治州から共和国に昇格し、ロシア連邦の構成国になる。ロシア連邦における「共和国」は、ロシア民族以外の基幹民族が郷土とする地域だ。自民族の名が共和国の名前となり、独自の公用語や憲法を持つことができる。ただし、何世紀にも渡りロシア人などが多数移住しているために、こうした先住民族・基幹民族はすでに共和国の多数派ではないことが多い。

ウドムルト共和国は、現在は住人の多くがロシア人となり、ウドムルト人の比率は 30% ほどである。共和国の首長はロシア人が代々務めている。

ウドムルト人は古来から、狩りや農作業、冠婚葬祭や季節の節目など、あらゆるものに歌を捧げてきた。生活に根付いた伝統的呪術の記憶とともに、今も彼らは静かに「武器」を作り続けている。

エストニア共和国

Republic of Estonia

人口 1,330,000 人
面積 45,000km²
GDP 381.3 億ドル
兵力 6,700 人
治安 74.9　幸福 6.341

経済力　幸福度　治安　面積　人口　軍事力

国名コード➡ EE / EST
主な住民➡ エストニア人、ロシア人
主な言語➡ エストニア語
主な宗教➡ 無宗教
主な産業➡ 機械・機械部品、鉱物、木材・木材製品、IT産業

デジタル国家とサイバー国民

IT 技術への積極的な投資で経済を成長させ、ほぼ全ての行政をオンライン化している電子国家。国民はひとつのIDで、行政の手続きや選挙の電子投票、納税や買い物もほぼ全てが可能だ。議員もオンラインでの国会出席も可能で、決議の際も、徹底的にデジタル化されたシステムにより関連情報がリアルタイムで更新されたデータベースを元に、内閣メンバーは賛成するか反対するかを事前にチェック、反対者がいなければ議題はそのまま承認される。

13 世紀以降、エストニアは度重なる領土侵略を受け、二度の世界大戦ではロシア及びソビエト連邦の支配を受け、併合される。しかし 1989 年、同じくソビエト連邦の統治下にあった隣国の3国（バルト三国）で、国境をまたぎ道路上で手を繋いで 600km の人間の鎖を作るデモ「**バルトの道**」を行い、1991 年平和的にソビエト連邦からの独立を果たした。

独立直後の課題は、国民の把握から始まった。しかし国内に点在する市民に対して広範囲な行政手続きを行うことは財政的に難しかった。おりしも 1990 年代はインターネットの技術が大きく発展してきた時代、新国家エストニアは、IT を使った新しい国づくりの構築にチャレンジする。

電子国家計画は、外国の IT 企業を誘致し早期の IT 教育に投資しながら順調に展開していく。2004 年にはオンラインで通話ができる世界中の国々を繋いだ「**Skype**」を生み出した。

しかし、2007 年、突如政府機関や銀行、報道機関のウェブサイトが通信障害を起こす。世界初の大規模なサイバー攻撃を受け、20 日以上に渡りサイバー防衛戦が行われた。

この事件を機会にエストニアは益々人材教育に力を入れはじめる。サイバー戦争の防衛方法を習得するために、仮想敵国を想定したハッキングや攻防技術を学び、サイバー空間のエキスパートを養成していった。

こういった国家間の争いの新しい形のサイバー戦争に備え、治外法権が認められた政府データのバックアップ「データ大使館」を同盟国に設置するなど、国土が変化しても国家としての機能を失わないシステムを展開している。今やエストニアは最先端の「**電子国家**」となり、国内には NATO のサイバーテロ防衛の研究機関が設置されている。

2014 年にはバーチャルな電子居住権の制度を導入した。外国人でもエストニアの電子住民となることでエストニアの行政サービスが受けられ、起業家を中心に登録者が増えている。

エルサルバドル

Republic of El Salvador

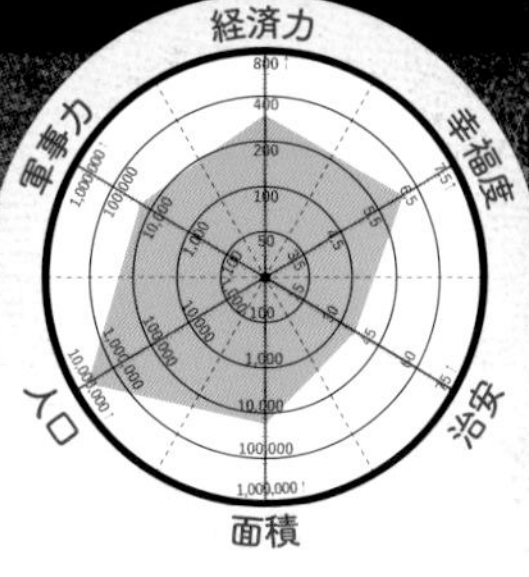

人口 6,490,000人
面積 21,040km²
GDP 316.1億ドル
兵力 24,500人
治安 35.6　幸福 6.120

国名コード➡ SV / SLV
主な住民➡ スペイン系白人と先住民の混血
主な言語➡ スペイン語
主な宗教➡ カトリック教
主な産業➡ 軽工業（繊維縫製）、農業（コーヒー、砂糖等）

ギャングの支配する国

世界で最も暴力的とされるエルサルバドルのギャング。中米に根を張り、麻薬・銃の密売、強盗、殺人、縄張り争いで抗争を繰り広げる。警察、司法、税関などあらゆる政府職員の一部は、買収もしくは恐喝され、市民たちは支配される。

ギャングが収監される専用の刑務所の周囲には、複数の弾倉を装着した兵士が見張っているが、彼らはギャングによる報復を恐れて覆面をつけている。

16 世紀、インディオが住むこの地をスペインが征服。メキシコ帝国、中央アメリカ連邦を経て 1841 年に独立、現在の国家となった。独立当初から地主などの寡頭支配層が大きな権力を持ち、独裁による経済的な格差が続いていた。1931 年から軍事クーデターによる政権交代が相次ぐが大統領選挙による政権が生まれるなど、ようやく安定をみせた 1969 年、移民や貿易問題を抱えていた隣国ホンジュラスと、**サッカーの試合をきっかけにした戦争**が勃発した。十数万人にものぼるエルサルバドル移民がホンジュラスから送還されたことなどにより失業者が溢れ、経済、政治ともに一気に不安定化。それまで中米一の工業国だったエルサルバドルは、クーデターや政府とゲリラ勢力による激しい内戦がつづき、多くの犠牲者や少年兵を生み出していく。

この混乱で、難民としてアメリカ合衆国に移民したエルサルバドル人の戦争孤児達のあいだで自警のための組織が生まれる。最初は軟派な不良集団だった彼らは**徐々にギャング化**していった。

対策としてアメリカ合衆国は難民を強制送還、ギャング達はエルサルバドルへ流れ込んだ。不安定な政情による貧困から組織に入る若者が増え続けていく。政府は悪化する治安に徹底した警察捜査の強化や厳しい刑罰を行ったが、過度の武力行使は市民をも巻き込んだ。刑務所は管理が及ばず過密になりすぎ刑務所内でのギャング抗争が多発する。そのため対立組織ごとに異なる刑務所へ収容せざるを得なかった。しかしこれは逆に強固な団結と組織化が進み、刑務所内と外部との連絡は頻繁に行われ、国内の治安は悪化する一方になる。これらを打開するため、政府は組織と「停戦協定」を結ぶが、汚職が進み、再び力づくでギャングたちを抑え込む姿勢を強めた。

現在も混乱がつづくギャングの支配する国エルサルバドル。

国名の由来は「**救世主**」である。

カーボベルデ共和国
Republic of Cabo Verde

経済力 幸福度 治安 面積 人口 軍事力

人口 556,000人
面積 4,033km²
GDP 22億ドル
兵力 1,200人
治安 不明（概ね良好） 幸福 不明

国名コード➡ CV / CPV
主な住民➡ カーボベルデ人（ポルトガル人とアフリカ人の混血）
主な言語➡ ポルトガル語、クレオール語（ポルトガル系）
主な宗教➡ カトリック
主な産業➡ 航空基幹港、港湾産業、観光業、出稼ぎ送金、漁業

独立を勝ち取った世界の寄港地

アフリカ大陸の西の沖合にある10の島で構成されたカーボベルデ共和国。無人島だったカーボベルデ諸島に15世紀、ポルトガル人が入植を始めた。当初ポルトガル人は奴隷を移入して砂糖を生産しようとしたが、不毛な土壌や雨の降らない厳しい気候によってうまくいかなかった。

しかし、アメリカ新大陸の発見により、ポルトガル船の寄港地となることで繁栄をみせる。これによって海賊に狙われ、各国の私掠海賊船（敵国の船を攻撃し、船や積み荷を奪う許可を国や政府から得た個人の船）による襲撃が続く。防衛の為にポルトガルは要塞を建設、以後アフリカとアメリカ大陸を結ぶ**貿易の中継点**となる。

島内ではポルトガル人入植者と奴隷の間で混血が進み、ポルトガルやアフリカ、ブラジルなどの文化が混合したカーボベルデ人社会が形成された。

ナショナリズムに対する意識が高まったカーデボルデは1975年独立国家となる。

独立はアミルカル・カブラルという思想家により成し遂げられた。

アフリカ大陸のポルトガル領ギニア（ギニアビサウ）で生まれた彼は、幼くして両親の出身地であるカーボベルデへ渡り教育を受けた。1945年から宗主国であったポルトガルの首都リスボンで学ぶ。そこでアフリカ人の革命集団と交流し、植民地主義とアフリカの民族解放に関する政治理論を展開、ポルトガルのアフリカ植民地解放を主張した。

その後アフリカに戻り、ギニアビサウとカーボベルデで独立運動を穏健に展開していたが、運動は弾圧され続ける。労働者のストライキに対してポルトガル軍が武力弾圧をしたことをきっかけに、ついに彼は武装闘争を開始した。ギニアビサウでポルトガルの基地を襲撃し着実に解放区を拡大。彼が培った人脈で国際的な支持も取り付け、独立運動の勝利が間近となった1973年、ポルトガル政府が潜入させた内部スパイにより暗殺される。

しかし革命はもはや止まることはなく、同年カーボベルデはギニアビサウの一部として独立。つづいて2年後には単独の独立主権国家となった。

現在も国民の35%は貧困層だが、安定した政治と自由経済で順調に経済成長し、2007年には後発開発途上国から脱却した。

大西洋に浮かぶ交通の要所として、海路とともに、国内最長の滑走路を持つアミルカル・カブラル国際空港は、ヨーロッパと南米を結ぶ**航空機の基幹航路**として今やGDPの70%を占め、カーボベルデの経済を牽引している。

BES 諸島 / ボネール、シント・ユースタティウスおよびサバ

カリブ・オランダ

Caribbean Netherlands（オランダ特別自治体）
(BES islands/Bonaire, Sint Eustatius and Saba)

経済力 / 幸福度 / 治安 / 面積 / 人口 / 軍事力

人口 25,987 人
面積 322km²
GDP オランダ王国
兵力 オランダ王国
治安 不明（オランダ王国）　幸福 不明（オランダ王国）

国名コード➡ BQ / BES
主な住民➡ アフリカ系黒人、ヨーロッパ系混血
主な言語➡ オランダ語、英語、パピアメント語
主な宗教➡ キリスト教
主な産業➡ 農業（芋）、学生授業料、漁業、塩、観光

海賊のアジト 黄金の島 ゴールデン・ロック

カリブ海にあるオランダ領の３つの特別自治体を併せた呼称。そのひとつの島は断崖絶壁に囲まれた火山島で、海賊たちの格好の隠れ家ともなり「**カリブの海賊**」としてヨーロッパ諸国に恐れられた。

これらの地域は、オランダ王国の構成国の一つである「オランダ」の一部に位置づけられている。しかし、法制度や経済などの面でヨーロッパのオランダ本土とは運用が異なり、通貨もユーロではなくアメリカドルが用いられている。

もともと先住民が暮らしていたが、1490 年代にコロンブスなどが発見。

ボネール島をはじめとした島々は、ヨーロッパ人の流刑囚や奴隷による植民開拓が行われるが、海運の要所となるカリブ海は、列強諸国の激しい争奪戦となる。

17 世紀になると、海戦で使役された元水夫や、権力者によって住んでいた島を追われたヨーロッパ系の植民者たちが無法化し、大国の商船を狙った海賊行為を行うようになる。

しかも、本国からの軍事援助がない植民地の総督が彼らを傭兵として使うようになり、またライバル国の海上貿易を妨害略奪するために海賊たちを私掠部隊（国や政府が略奪を許可し一部を上納させる）として合法化していった。

シント・ユースタティウス島は、中立を保つ自由港となり、大国間の貿易禁制を無視することでカリブ海商業の中心地として栄え「黄金の島 ゴールデン・ロック」と呼ばれた。

代金さえ払えば武器や弾薬を誰でも購入することができるこの島はアメリカの独立戦争にも深く関わった。

18 世紀前半まで海賊の黄金時代はつづいた。しかし、ヨーロッパ列強は大規模な常備軍と、より大きな海軍を備えていく。その任務は海賊との戦いにまで範囲を拡大し、やがてカリブの海賊は衰退していった。

近年までオランダ王国の構成国の一部として統治されてきたが、2010 年にそれぞれの島はオランダの特別自治体となる。

しかしオランダの法を遵守しないままだったシント・ユースタティウス島は政府機関を解散させられ、今はオランダ本国が直轄している。

ギアナ：フランス領ギアナ（フランス領）

French Guiana

（公式はフランス国旗）

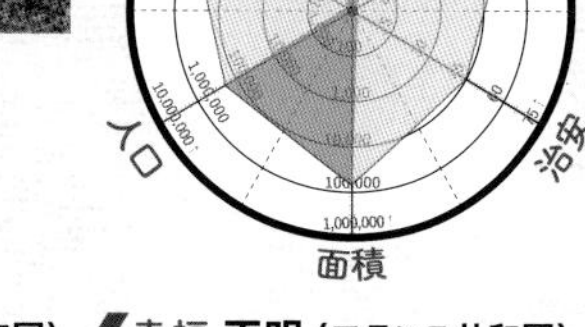

- 人口 290,691 人
- 面積 83,534km²
- GDP 50 億ドル
- 兵力 フランス共和国
- 治安 不明（フランス共和国）
- 幸福 不明（フランス共和国）

国名コード➡ GF / GUF
主な住民➡ 混血、アフリカ系黒人
主な言語➡ フランス語、クレオール語（フランス系）
主な宗教➡ キリスト教
主な産業➡ 漁業、宇宙産業

呪われた地 悪魔島

南米大陸の北東部沿岸にあるギアナ高地に、**黄金郷（エルドラド）**という見果てぬ夢を追ったヨーロッパ人探検家が次々と訪れた。それはやがて西洋列強の長い植民地争いに発展し、三つの国に分割されることとなった。イギリス領ギアナ は「ガイアナ」となり、オランダ領ギアナ は「スリナム」として独立したが、未だフランスから完全な独立を果たせていない国が、南米大陸に残された最後の植民地フランス領ギアナである。

国土のほぼ全域がむせ返るような緑に覆われた熱帯雨林アマゾンの森。この地域には古くからカリブ族をはじめ様々な先住民族が居住していた。

沿岸部に港を建設し入植を開始したフランスは、アマゾンの調査を開始し町を建設。黒人奴隷によって砂金の採掘や農園労働で本格的な定住が始まるが、高温多湿の気候や風土病で多くの死者を出すこととなる。接触した先住民も、彼らが持ち込んだ疫病で次々に死者を増やしていった。

奴隷制度廃止に伴い、フランス政府は**流刑地**としてこのギアナにヨーロッパの囚人（主に政治犯）を送りこんだ。厳しい自然環境と過酷な労働で囚人は次々と命を落としていく。

ついにギアナは「呪われた土地」「緑の地獄」と呼ばれるようになっていた。

多くの囚人が脱獄を試みるが、厳重な警備や過酷な自然環境などでそのほとんどが悲惨な結果に終わった。

その中でも監獄中の監獄と呼ばれる流刑地が沖合の「ディアブル（悪魔）島」にあった。四方を荒い海に囲まれ、脱走が不可能とされたが、この島から**脱走した男がいる**。

胸にある蝶のタトゥーから「パピヨン」と呼ばれた囚人は、ギアナの流刑地から脱走を試みるが、捕らえられ厳しい処罰を受ける。それでも再び仲間とともに計画を練って脱獄を図った。

困難な脱走劇を経て原始的な集落に助けられる。ひとときの平穏を得るのもつかの間、再び捕えられる。彼らは数年もの間独房に閉じ込められ、仲間は気が触れるか死亡していた。生き残った男は最終的に脱出不可能といわれた「悪魔島」に送られた。しかし彼は諦めない。海の潮流を充分に観察し、脱出が可能と考えた彼は、「蝶」のように崖から飛んだ。

自由を求め、悪魔島から脱獄に成功した彼の体験談を元に書かれた小説「パピヨン」はベストセラーとなる。

第二次世界大戦のち、ギアナの流刑地は完全に閉鎖。わずかな小屋が残った悪魔島から見える大陸沿岸には、現在フランス国立宇宙センターのロケット発射基地があり、数々のロケットが宇宙へ飛び立っている。

クック諸島（ニュージランド王国構成国）
Cook Islands

人口 17,900人
面積 237km²
GDP 2.5億ドル
兵力 ニュージーランド
治安 不明（ニュージーランド） 幸福 不明（ニュージーランド）

国名コード➡ CK / COK
主な住民➡ ポリネシア系（クック諸島マオリ族）
主な言語➡ クック諸島マオリ語、英語
主な宗教➡ キリスト教
主な産業➡ 観光業、農業、漁業（黒真珠養殖）、金融サービス

世界の果てを目指したキャプテン・クック

海洋探検家ジェームス・クック。通称「キャプテン・クック」と呼ばれるイギリス海軍士官が1770年に発見し、彼の名から付けられた24の珊瑚環礁と火山島からなる立憲君主制国家。その後キリスト教宣教団が上陸し、先住民の酋長たちが改宗したことで、急速にキリスト教が広まった。イギリスの保護領を経て、ニュージーランドの管轄となり、2001年の共同宣言により主権独立国家となった。
ジェームス・クックは1728年に生まれ13歳から農場を手伝い、雑貨店に奉公に出たあと石炭運搬船団の見習いとして雇われ船乗りとなった。彼は才覚を発揮し27歳には貿易船の航海士となるが、その頃軍備を強化していたイギリス海軍に入隊した。入隊後、彼は正確な測量法や天文学で海図を作成し戦争の勝利に大いに寄与、瞬く間に士官待遇の航海長に昇進。不可能と思われた危険な海域の測量も成し遂げ、有名な航海者として名が知られるようになっていく。
40歳になったクックは、天体観測や測量とともに、**伝説の南方大陸「メガラニカ（テラ・アウストラリス）」**の探索を命じられる。軍艦エンデバー号の指揮官となったキャプテン・クックは、航路を西に向け大西洋を渡り、南米大陸南端から太平洋の大海原に乗り出した。
当時、南方大陸メガラニカの先端だと考えられていたニュージーランドへ到着。その航路にあった諸島は、のちにクック諸島と名付けられた。ニュージランドは大陸ではなく島だったことが判明しさらに西へ進めるとオーストラリアを再発見、測量しながら地球を一周し、帰国する。
彼の功績は賞賛されたが、メガラニカの存在を信じるイギリス王立学会によって再びクックは探検の航海に旅立つこととなる。
今度はアフリカ大陸南端から南へ向かう。濃い霧につつまれた極寒の厳しい海域を進み、彼はヨーロッパ人として初めて南極圏に突入。海氷に阻まれ南極圏を周回するが、ついに大陸は見つからなかった。これにより少なくとも人類が居住可能な緯度には大陸が存在しないことが判明、伝説の南方大陸メガラニカの存在は否定された。
多大な業績をあげたクックは、帰国後に勅任艦長（大佐）に昇進。名誉職が与えらえる。
余生を充分満足に過ごせる地位を得たクックだったが、彼は再び航海にでることを希望する。彼が書いた航海日誌には「これまでの誰よりも遠くへ、**人間が行ける果てまで私は行きたい**」と記されていた。
この航海の途中、ハワイ先住民とのトラブルで死亡。50才の冒険の旅を終えた。

ココス（キーリング）諸島

ココス・キーリング諸島

Cocos (Keeling)　（オーストラリア領土）

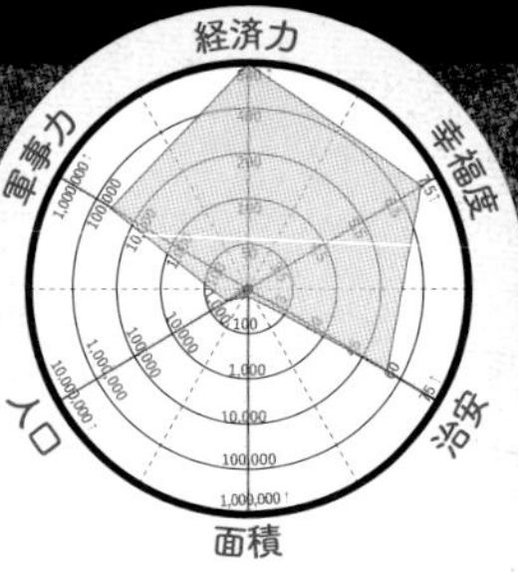

人口 544 人
面積 14km²
GDP オーストラリア連邦
兵力 オーストラリア連邦
治安 不明（オーストラリア連邦）
幸福 不明（オーストラリア連邦）
国名コード➡ CC / CCK
主な住民➡ マレー系、オーストラリア系白人
主な言語➡ 英語、マレー語
主な宗教➡ イスラム教
主な産業➡ ココナッツ

間違いで領有され大国の都合で追放された一族

初代の「ココス王」となったのはジョン・クルーニーズ＝ロスという 1786 年生まれのスコットランド人だった。彼は捕鯨船の船員として世界をまわるうち、貿易をする商会から船を預けられ、船長となった。

その後、命令で商会主が住むための無人島を探していたクルーニーズ＝ロスはこの島を探索し報告。奴隷貿易をしていた船主は各地から集めた各国の**女性 40 人をハーレム**として、また数十人のマレー人労働者を連れてココス島へ居住を開始する。

数年後にクルーニーズ＝ロスもこのココス島に居住を許可され一族と上陸するが、商会主と反目しあうようになっていった。ついには商会主はこの島を追い出される。以後この島はクルーニーズ＝ロス一家が占有し、住民を率いて椰子を育てコプラ（ココヤシの果実の胚乳を乾燥させたもの）の生産に成功する。

しかしある日ココス島に寄港した船員とのトラブルが起こる。どこの「国」でもないこの場所では、法律によって裁く方法がない。クルーニーズ＝ロスはあわててイギリスの保護領となるよう運動するが失敗。とりあえずジャワ島にあるオランダ政庁との取引で保護を受けながらコプラ輸出を順調に伸ばしていった。

ジョン・クルーニーズ＝ロスの死後、バリ島出身の女性と結婚した長男のロス二世。彼はジャワ島から囚人の労働者を受け入れヤシ油の機械化をすすめるなどしていたところ、1857 年に**イギリス艦隊が突如上陸**しこの島の植民地領有を宣言した。

しかしこれは同じ「ココヤシ諸島」の名をもつ**他の島と間違った上陸**だった。外国船の脅威排除や、亡き父の念願だったイギリスの保護下。ロス二世はこの誤りを取り消さないよう願い出て、ついにココス諸島はイギリス領セイロンに帰属、ロス家に永年独占所有権が与えられた。

その後ロス家も五代目となり住民との混血がすすみ、彼らはココスマレー人と呼ばれるようになっていく。

1955 年、世界情勢の変化とともにココス諸島はイギリスからオーストラリアに帰属が変更される。ロス家はココス諸島の独立を望んだが、ロス家による「専制支配」の独立は許されないとオーストラリアは拒否。ここからロス家とオーストラリアとの約 30 年にわたる**長い駆け引きが始まる**。オーストラリアが求める条件に様々な提案と施策または裁判で対応するが、最終的には土地所有権は強制的に買収され、ロス五世は島から追放された。これをもってココス島民は「専制政治から解放」されたという。

コモロ連合

Union of Comoros

経済力 / 幸福度 / 治安 / 面積 / 人口 / 軍事力

人口 890,000 人
面積 2,236km²
GDP 12.3 億ドル
兵力 500 人（防衛隊）
治安 不明（安定） 幸福 4.609

国名コード➡ KM / COM
主な住民➡ コモロ人
主な言語➡ フランス語・アラビア語・コモロ語
主な宗教➡ イスラム教
主な産業➡ バニラ、丁字、イランイラン（精油）

雇った傭兵部隊に乗っ取られかけた国

コモロ連合はインド洋の3つの島で構成される連邦共和制国家。
10 世紀ごろにアラブ人が移住したことで先住民のイスラム化が進み、17 世紀に入ると複数のイスラム系の小国家が興った。19 世紀にはフランスが全コモロ諸島を保護領化した。20 世紀になると議会が開かれフランスからの自治権を徐々に拡大し 1975 年独立を果たすが、独立して 1 ヶ月もたたないうちにクーデターが勃発する。
これを期に始まるコモロの混乱は、ひとりの白人傭兵が暗躍した。
元フランスの軍人で、コンゴ動乱をはじめとする数々の戦場で名を馳せた傭兵、ボブ・ディナール。
独立まもないコモロで、政権に不満をもった勢力は、このディナール傭兵部隊を雇い入れる。クーデターは見事成功し、**大統領は追放**される。
苦々しく亡命先のフランスにいた大統領に奇策案が持ち込まれた。クーデター政権がとった社会主義政策に不満をもったフランスが提案したのは、**かつて自身を襲った**ディナール**傭兵部隊を雇う**ことだった。
ディナール傭兵部隊は好条件で合意し、クーデター政権を裏切り首謀者を襲撃、殺害に成功する。
無事、政権に復帰した大統領は、新憲法を採択し急いで安定化を進める。経済の悪化で反乱が幾度も起こるが、一党独裁制を敷いて反対派を抑制。「大統領警護隊」となったディナール傭兵部隊によって固く警護された。
しかし軍事をはじめ、国営経済の実権を手にしたボブ・ディナールは実質的な**支配者として権力を握り始める**。彼らに対して国内の不満は高まり大統領とディナールの対立は深刻化。ついに大統領はディナールを排除する計画を始めるが、逆にディナール傭兵部隊はクーデターを起こし、大統領を殺害してしまった。
さすがに黙っていられなくなった旧宗主国のフランスは軍事的圧力をかけ、ディナールら 30 名の傭兵は国外に脱出、姿を消した。
フランスと南アフリカ共和国の協力の元、選挙が行われ新政権が発足する。しかし混乱を極めた権力基盤は不安定で、反乱や暴動が発生。
この情勢を受けて、再びディナールが傭兵を率いて乱入した。新大統領を拘束し権力を掌握する。
怒ったフランスは特殊部隊を含めた軍を出動、ディナールと傭兵たちを捕縛した。
その後もコモロ諸島での混乱は続いたが、2001 年に採択された新憲法により連合大統領は各島の輪番で選出され、幾度の憲法改正を行いながら安定化を目指している。

サハ共和国 (ロシア連邦構成国)

Sakha Republic

- 人口 **958,528 人**
- 面積 **3,103,200km²**
- GDP **ロシア連邦**
- 兵力 **ロシア連邦**
- 治安 **不明(ロシア連邦)**
- 幸福 **不明(ロシア連邦)**

経済力
幸福度
治安
面積
人口
軍事力

国名コード➡ **RU-SA(ロシア連邦行政区)**
主な住民➡ **サハ人、ロシア人**
主な言語➡ **ロシア語、サハ語**
主な宗教➡ **正教会**
主な産業➡ **鉱業(ダイヤモンド、金、石油等)**
木材産業、木材加工業

神が落とした宝物が眠り永久凍土に消えた命

最低気温がマイナス 50 度、過去には**マイナス 70 度**にも達し、ほぼ全域が永久凍土のサハ共和国。極東ロシア北部に位置し、ロシア連邦を構成する共和国の一つ。

寒冷な森林地域の狩猟民たちと中央アジアからきた人々が同化したサハ人はここに長らく暮らしていた。

進出してきたロシアの開拓に協力し諸民族を従え、ロシアの行政区を建設する。

極東への交通路としての役割や、毛皮の収獲とわずかな農業が行われていた静かなこの地に、地下資源が発見される。しかし、一年の多くが氷点下という過酷な環境によって開発は進まなかったが、ロシア革命の勃発を期にこの地に史上最悪の強制労働収容所が誕生する。

革命で誕生した労働者の評議会ソビエトは、犯罪者をはじめ評議会の方針に逆らう者や、半ば強制的に脅威と疑いをかけられた者まで政治犯として捕らえ、多くの**囚人労働者を鉱山に送った**。しかし、過酷な環境に満足な防寒具や道具、食料を与えられることもなく、短期間で命を落としていった。

革命や戦争で鉱物の需要が増す中、厳しい採掘ノルマを与えられた看守による囚人の酷使は強まるが、ソビエトの政治弾圧「大粛清」により、次々と送られてくる囚人はもはや使い捨ての状態となっていった。

世界大戦が終了しソビエトの最高指導者スターリンの死後、政策の転換で政治犯の名誉は回復され、強制収容所は開放される。

以後鉱山は、これまでに培ったシステムの上で環境が整えられ、一般労働者が請け負う鉱業地帯となった。

サハ人らは鉱業を中心に、政治、金融、経済、畜産などに携わり、近年ではロシア国内外からの観光客受け入れに積極的で、発掘されたマンモス牙の輸出にも力を入れている。

このサハ共和国は、「**神様の手が凍ってしまい宝物を落とした**」と伝承されるほど、多種にわたる鉱物の採掘資源が豊富で、特にダイヤモンドは世界一の産出量である。

1996 年、サハ共和国の東に位置するロシア連邦のマガダン州には、強制収容所で犠牲になった人たちを悼む慰霊碑「悲しみのマスク」が建てられた。

サンマリノ共和国

Republic of San Marino

人口 34,000人
面積 61.2km²
GDP 17億ドル
兵力 0人
治安 不明（安定） 幸福 不明

国名コード➡ SM / SMR
主な住民➡ イタリア系
主な言語➡ イタリア語、サンマリノ語
主な宗教➡ カトリック
主な産業➡ 観光、金融、繊維、電気、製陶

断崖絶壁に作られた世界最古の共和国

4世紀はじめ、ローマ帝国によるキリスト教迫害を逃れた石工が、ティターノ山に潜伏したことに始まる。やがて同志と信徒を集め、教会を中心に共同の労働社会を作り、規範を定めていった。

彼らは小さなこの村を維持するため、**調和と平和を重んじた**。断崖で厳しく不毛なこの土地に留まり、領土を拡大することはなかった。外敵の侵入を見張る3つの城砦を築き城壁が張り巡らされ、市街が形成されていく。

標高約750 mのティターノ山に作られた都市国家は、その後も自由・平等・中立を掲げ、君主が存在しない国が成立し、現存する世界最古の共和国となった。

現在も、権力の集中を防ぐため議員60名の中から元首(執政)を2人置き、任期は6ヶ月と短い。ただし裁判官は、住民すべてが顔見知りなので不正な裁判とならないよう外国人を雇い、公安秩序の維持にも外国人憲兵隊があたっている。

サンマリノは山中にあって地政学的重要性が低く**資源が乏しいため、他国からの侵略が少なかった**が、数度の占領を経験している。しかしそれも短期間で、したたかな外交により現在まで独立を保ち続けている。

19世紀半ばのイタリア統一を巡る運動では重要人物を匿い、これによってサンマリノはローマ教皇に糾弾され教皇領への併合を企てられるが、これも外交により凌いでいる。

第二次世界大戦では武装中立を宣言しながらもイタリアのファシズム（結束主義）の影響を受け、サンマリノでもファシズム政権となるが、半年ごとに選出される2人執政制度は維持されたことで**独裁には発展しなかった**。中立を維持しながらもイタリアに義勇軍を派兵し、戦火を逃れたイタリア難民10万人（サンマリノ人口の3倍）を受け入れていたことから、イギリスによる空爆を受け数十名の民間人が死亡する。さらに領内に侵入したドイツ軍と追撃する連合軍との戦場となり、ドイツ軍の降伏後にサンマリノは連合国により占領された。

しかし、終戦から約2ヶ月後にはサンマリノ政府は独立を回復し、さらにイギリスから賠償金を得ている。

今もイタリアとは密接な関係を築き、毎年多くの観光客が訪れ、独立と平和を守り続けている。

(公式はフランス国旗)

サンピエール島およびミクロン島

サンピエール（フランス海外準県）

St.Pierre and Miquelon

経済力 幸福度 治安 面積 人口 軍事力

人口 6,000 人
面積 242km²
GDP フランス共和国
兵力 フランス共和国（30 人）
治安 不明（フランス共和国） 幸福 不明（フランス共和国）

国名コード➡ PM / SPM
主な住民➡ ノルマン人、ブルトン人、バスク人の入植者の子孫
主な言語➡ フランス語、英語
主な宗教➡ カトリック
主な産業➡ 建設公共事業、観光、漁業

酒の密輸で栄えたアンタッチャブルな漁師たち

サンピエール島およびミクロン島は、豊かな漁場のためヨーロッパの漁船が周辺海域で漁を行なっていた。
長くイギリスとフランスによる争奪戦が行われたが、フランスが獲得した19 世紀以降は発展し漁業は盛んになっていった。20 世紀に入ると漁業権の縮小や第一次世界大戦により不景気となってしまう。
しかし戦後にアメリカ合衆国が禁酒法を施行したことにより、フランス植民地だったこの島には、次々とワインやウィスキーが持ち込まれ、カナダやアメリカ沿岸に酒の密輸を開始した。
急激に新たな産業が生まれた島では、島民の生活は根本的に変化した。世界中の酒造業者がここに向けて酒を輸出しアメリカへ**密輸する中継の拠点**となった。
漁師たちは、次々と運ばれる酒の荷受や業務に取り掛かり、島の港や倉庫を整備、魚の加工工場は蒸溜所に代わり、魚の倉庫は酒の貯蔵庫になっていく。膨大な量のアルコールが船で運ばれ、島は好景気に湧いた。
酒の密輸を牛耳った「**アル・カポネ**」という男がいる。アメリカ合衆国のシカゴを拠点に犯罪帝国を築きあげた人物だ。マフィアの経営する店の皿洗いからのし上がり、禁酒法を利用して莫大な富を得た。暴力的で容赦ない手段を使い、一方ではマスコミを使って自身のイメージを高め「義賊」と宣伝し、社交界にも出入りした。
そんなアル・カポネの組織を壊滅させるためにエリオット・ネスという、ひとりの捜査官が立ち向かう。彼が率いたチームは買収や脅しにも応じないという意味を込めて、メディアで「アンタッチャブル」と呼ばれた。アル・カポネの違法な手段と捜査官の法に基づく公正な戦いは熾烈を極め、ついには脱税の罪でアル・カポネの摘発に成功する。
最終的にアル・カポネは刑務所にて健康状態が悪化し心身は衰弱。出所後禁酒法が終了していたこともあり、彼は犯罪に戻ることなく 48 歳でこの世を去る。
捜査官のエリオット・ネスは退職後、市長選に立候補するが惨敗。重度の**アルコール依存症**となり心臓発作で54 歳に死亡する。
禁酒法廃止でサンピエール島のブームも終焉を迎える。島民は何事もなかったかのように元の**伝統の漁業**に戻った。
近年は乱獲による魚資源の枯渇や漁場の制限により、観光業にシフトしている。

ジブラルタル（イギリス海外領土）

Gibraltar

人口 33,000 人
面積 6.5 km²
GDP 20 億ドル
兵力 イギリス（22 人ジブラルタル戦隊）
治安 不明（イギリス）　幸福 不明（イギリス）

国名コード➡ GI / GIB
主な住民➡ ジブラルタル人（イギリス系、スペイン系、イタリア系、ポルトガル系）
主な言語➡ 英語、スペイン語
主な宗教➡ カトリック
主な産業➡ 軍事関連産業、金融、オンラインカジノ

軍事都市　ヘラクレスの柱

ザ・ロックという一枚岩の石灰岩が岬をなすジブラルタル。地中海の出入り口を押さえる要衝の地で、切り立つ岩山を古代ギリシャ人は「ヘラクレスの柱」と呼んだ。

かつては世界の西の果てと考えられていたこのジブラルタル海峡は、ギリシャ神話に登場する英雄ヘラクレスが、大洋の最西端に浮かぶ島へ向かう途中のアトラス山を怪力で引き裂き通過したことで、大西洋と地中海が繋がったとされる。

ジブラルタルのその先を進むと、西の海洋には**失われた帝国アトランティス**の島があると古代ギリシャの哲学者プラトンは記述した。

地中海の二つの出入り口のうち大西洋側にあるこの地は、軍事・海上交通上重要視され、多くの戦いの舞台となっていく。

古代ローマ帝国の属領だった 711 年に、ジブラルタル海峡を越えてイスラム勢力が侵入し、この地は 1462 年までイスラム諸王朝の支配を受けることとなる。

カスティーリャ王国（後のスペイン王国の中核）の征服後も、この地を巡る戦いは繰り返され、1704 年にイギリスが占領するが、奪還を図るスペインとの戦いは続いた。1779 年、最後のジブラルタル包囲戦は 3 年以上におよび、激しい戦いの末、イギリス軍が守りきり、**難攻不落の要塞**といわれるようになる。

何世紀にもわたり様々な民族が交わったため、ジブラルタルは混血が進んでいる。ジブラルタルで生まれた「ジブラルタル人」は今や人口 80% を占める。1969 年ジブラルタル自治政府が発足。議会が設置され、外交・防衛以外の内政に関する自治が行われている。元首はイギリス国王で、最高軍事司令官のジブラルタル総督が国王代理を務めるが概ね名目上であり、議会によって選出された首相が行政運営を行なっている。選挙権は 18 歳以上のジブラルタル人と、6 か月以上居住しているイギリス人に与えられる。

経済の基盤はイギリス駐留軍の軍事産業で、多くの市民は総督府に雇用されている。居住権のない外国人は人口の 20% を占め、滑走路が交差する一般道路を越境し、陸続きのスペインからは毎日 1 万人ほどが通勤してくる。

今もイギリスとスペインで領有権が争われているジブラルタル。公用語は英語であるが、ほとんどの住人はスペイン語も話す。

ジャマイカ

Jamaica

- 人口 **2,800,000人**
- 面積 **10,990km²**
- GDP **160.4億ドル**
- 兵力 **5,950人**
- 治安 **32.2** 幸福 **5.850**

国名コード➡ JM / JAM
主な住民➡ アフリカ系
主な言語➡ 英語、クレオール語（英語・アフリカ系）
主な宗教➡ キリスト教
主な産業➡ 観光業、鉱業（ボーキサイト及びアルミナ）、建設業
農業（砂糖、コーヒー、バナナ等）、製造業、金融・保険業

経済力 幸福度 治安 面積 人口 軍事力

支配に従わなかった逃亡奴隷たちの不屈の国

コロンブスがアメリカ大陸を発見すると、多くのヨーロッパ人がジャマイカに訪れた。スペインが植民地として先住民を酷使したためその数が著しく減少。農場の労働力が不足しアフリカから黒人奴隷を輸入した。
17世紀になるとイギリスが占領し海軍の司令部を設置、港街「**ポート・ロイヤル**」は、**海賊や私掠船の主要な拠点**のひとつとして賑わい「世界で最も豊かで、最も酷い町」と呼ばれるようになる。イギリスがこのスペインの植民地を襲った時、多くの奴隷が逃亡した。**奴隷たちは、森の奥地に逃げ自給自足の共同体**をつくった。彼らは「マルーン」と呼ばれ、内陸の広い地域に存在するようになり、時には白人の農園を襲って物資や武器を奪い、新たな奴隷の逃亡を助けた。
鬱蒼とした密林のジャングルへ逃げ込むマルーンたちに、イギリスの軍隊は手をこまねいた。平行してイギリスにより新たに展開される農園にも大量の奴隷が連れてこられていたが、奴隷たちの中にはマルーンの存在を知ると支配者に反抗する者も多く現れ、逃亡や大小の反乱も頻繁に起こっていた。
海賊の全盛期が過ぎた頃、さらに農園経営にあたり多くの奴隷が輸入されてきたなかで、西アフリカのガーナより連れてこられた「ナニー」という女性がいた。
彼女は、兄弟や仲間と逃亡しマルーンに合流する。小柄で細身ながら並外れたリーダーシップを持った彼女は、いくつかのマルーン共同体を組織化、統括する町は「ナニータウン」と呼ばれるようになる。
そして**奴隷解放に向けて行動を起こした**。マルーン戦争と名付けられたこの戦いで彼女たちは次々と奴隷を救出し、反撃してくるイギリス軍を森の中に誘い込みゲリラ戦で撃退。アフリカ伝承の様々な楽器を制作し、遠方の仲間と通信を行うことで組織的な抵抗を繰り広げる。その巧妙な戦いぶりは、**魔法呪術「オベア」**を使っていたという伝説も残される。イギリス植民地政府は、ついにナニータウンに自治権を与え一時的な平和条約を調印するまでになる。
ナニーの死後も、奴隷をめぐる抵抗活動は続くが、イギリスでの奴隷制度を巡る議論を活性化させていくこととなった。1834年にようやく奴隷制度が廃止されるが、以後も続く不平等な制度に対し大規模な反乱が起こる。植民地からイギリスの直轄領となったのち1962年に独立。
彼らによってもたらされた伝統音楽は、貧困や社会問題について多く取り上げられており、のちのレゲエ音楽のルーツと言われる。

スリランカ 民主社会主義共和国
Democratic Socialist Republic of Sri Lanka

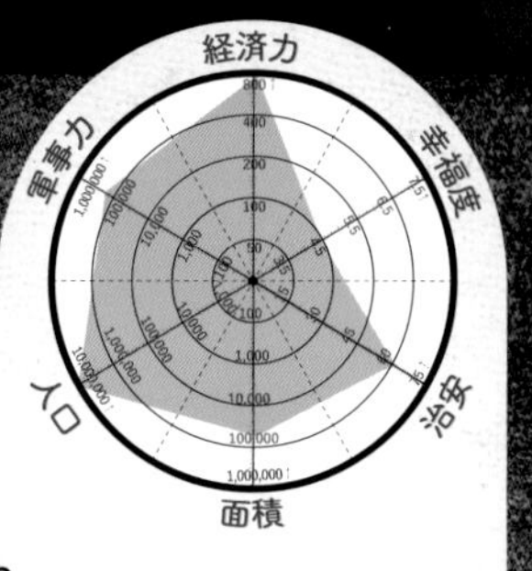

- 人口 22,160,000 人
- 面積 65,610km²
- GDP 753.0 億ドル
- 兵力 255,000 人
- 治安 58.6 幸福 4.362

国名コード➡ LK / LKA
主な住民➡ シンハラ人、タミル人
主な言語➡ シンハラ語、タミル語
主な宗教➡ 仏教、ヒンドゥ教
主な産業➡ 農業（紅茶、ゴム、ココナッツ、米作）、繊維業

楽園からアダムが降り立ち冒険者が目指した宝石の国

スリランカは旧国名を「セイロン」といい、現在もこの国の大半を占める地をセイロン島と呼ぶ。歴史は古く紀元前5世紀ごろから王朝があり、隣国の古代インドとは深い交流があり仏教文化圏として発展。16世紀にはポルトガルが進出し、次いでオランダとイギリスが植民地支配を行った。のちに独立し共和国となった。

旧約聖書「創世記」に記された人類の始祖「アダム」が**楽園エデンから追放された**あと足を踏み入れた場所とされる聖なる山「アダムスピーク」がある。残された足跡の形をした穴は崇拝され、仏教では仏陀、ヒンドゥー教ではシヴァ神の足跡とされ、諸宗教を超えて人々の信仰を集めている。

インド神話で破壊と滅亡を司る神、**羅刹王**ラーヴァナはここセイロン島（ランカ）を支配したとされる。羅刹王は神々にも戦いを挑むが、誘拐された妻シータを救うために戦った勇者ラーマ王子の手によって最終的に倒される。

また「**西遊記**」の物語の基となった「大唐西域記」では、三蔵法師こと玄奘三蔵が仏教研究のためインドへ向かい、歴訪した国々と伝聞した国の中に僧伽羅（シンガラ）国という名でセイロンの場所が記されていた。商人と共に仏教僧の僧伽羅が宝石を求め暴風雨で流れ着いたこの島には、食人族の羅刹女たちがいた。彼女たちは商人たちを誘惑し殺して食べた。僧伽羅は羅刹女たちを滅ぼして王になったという建国伝説が記述されている。

7世紀頃にはアラブの商人たちが来航し、セイロンから宝石や香辛料を運び、のちに広く世界に伝えることとなる。ペルシア帝国時代に編纂された「千夜一夜物語（アルフ・ライラ・ワ・ライラ）」に、のちのヨーロッパ人が伝承などを加えた「**アラビアンナイト**」の中で、船乗り**シンドバート**が、宝石の豊富なセイロン島と思われる場所に訪れた物語も描かれている。

13世紀にはベネチア（イタリア）の商人**マルコ・ポーロ**が、中央アジアや中国を紹介した「**東方見聞録**」で、聖なる山のある宝石の島セイロンでは良質のルビーやサファイアが採れるという記述を残している。ちなみに同書では、中国の東の海上に浮かぶ孤立した島国には「黄金の国ジパング」があると記され、この見聞録は、のちの大航海時代の幕開けの端緒となった。後の探検家コロンブスもこの東方見聞録を熟読し、夢を描いて航海に出た。

現在でも世界的に高品質な宝石の産地で、加工技術にも優れ未だ世界を魅了している。

国名スリランカの由来は「聖なる島＝美しく光輝く島」とされる。

セルビア共和国

Republic of Serbia

- 人口 6,930,000 人
- 面積 77,474km²
- GDP 709.1 億ドル
- 兵力 38,000 人
- 治安 61.8　幸福 6.178

国名コード➡ RS / SRB
主な住民➡ セルビア人
主な言語➡ セルビア語
主な宗教➡ 正教会
主な産業➡ 製造業、卸売・小売業、不動産業、農業

吸血鬼が世界へ旅立った地

セルビア共和国が位置するバルカン半島は、ヨーロッパ社会の中心地で、様々な民族が生活しあらゆる国家が支配した。その後セルビア王国が建国されるが、オスマントルコに敗北し支配下となる。国際条約により独立するも二度の世界大戦で、連邦国の一共和国として合併される。紛争や内戦を経て2006年に単独の共和国として独立を果たした。

18世紀、このセルビア地域の町で**原因不明の連続怪死事件**が発生する。わずかな期間で数人が謎の死を遂げた。しかも、殺したのは1ヶ月前に死亡したはずの男だと噂が広がった。
男の墓を掘り返してみると、死体は腐敗することなく、目や口から血を流し、手足には新しい爪が伸びていた。
男は生前に「**蘇った死者**」に襲われたと言っていたという。
蘇った死者の伝承は古くからあったため、人々は慌てて男の死体の心臓に杭を打ち込んだ。すると死体は恐ろしい断末魔の叫びをあげ、鮮血が飛び散った。
この事件に対し、当時この地を支配していた軍が調査を行った。数年の間に類似の事件が近隣で起こっていることもあり、この報告書は瞬く間にヨーロッパ中に広まった。「ヴァンピル」と呼ばれたこの蘇る死者は、西欧諸国で「**ヴァンパイア**」と発音されるようになった。
キリスト教が主体の西欧では大論争が起こり、宗教上の矜持もあって調査された。謎の連続死は疫病によるものや迷信による思い込み、また死体については埋葬された時の条件により遺体の腐敗経緯ではありうることだと、完全に否定された。
その後、時代は科学が発達し、徐々にヴァンパイア伝説は葬られた。
しかし19世紀前半、怪奇現象をテーマにした文学が流行すると、「ヴァンパイア」は復活する。次々と小説が生まれ、欲望の吸血族として進化していき、噛まれた者も吸血鬼になっていく。1897年、アイルランド人作家によって発表されたヴァンパイア小説は演劇化もされ大ヒットする。ルーマニアのブラン城や、15世紀の「串刺し公」と呼ばれた残虐な君主ヴラド3世をモデルに、ヴラド3世の通称「ドラゴンの息子」から引用されたタイトルは「**ドラキュラ**」である。

セントヘレナ・アセンションおよびトリスタンダクーニャ

セントヘレナ（イギリス海外領土）

Saint Helena, Ascension and Tristan da Cunha

人口 7,754 人
面積 420km²
GDP 0.3 億ドル
兵力 イギリス
治安 不明（イギリス） 幸福 不明（イギリス）

経済力
幸福度
治安
面積
人口
軍事力

国名コード➡ SH / SHN
主な住民➡ セントヘレナ人（イギリス白人と黒人などの混血）
主な言語➡ 英語
主な宗教➡ 英国国教会
主な産業➡ 漁業･コーヒー･出稼ぎ･イギリス援助金

英雄の終焉の地

フランス革命の混乱から彗星のごとく現れ、ヨーロッパの封建体制を崩壊させたフランス皇帝**ナポレオン・ボナパルト**。彼はその晩年にヨーロッパ諸国との決戦に敗れ全てを失い、流されたのがセントヘレナ島だった。
絶海の孤島の無人島だったこのセントヘレナ島は船舶の停泊地として利用され、東インド会社によってイギリスの植民地となっていた。
イギリス人入植者と黒人奴隷が住む小さな村で、1815 年、数十名の側近を従えたナポレオンの幽閉生活が始まる。
イギリスは徹底的な警戒態勢を敷いており、ナポレオンに対する警戒は厳重であった。船が接岸可能な場所には大砲が設置され、多数の兵士が駐留した。これはナポレオンが過去、流刑された別の島から脱出し、再びフランス軍を指揮して大戦争を引き起こしたためであった。イギリスは彼が二度とヨーロッパに戻ってこないように、絶海のセントヘレナ島に閉じ込めたのだ。
不慣れな気候や環境と厳重な監視の中でも、ナポレオンは入浴や散歩を楽しみ、農家を手伝い畑を耕し、庭の手入れを自ら行うこともあった。仲良くなった庭師の境遇を見かねたナポレオンは奴隷を解放するようイギリス総督に訴え裁判を起こし、かなりの数の奴隷が自由を得た。
側近の一人ラス・カーズが残した「セントヘレナ回想録」ではセントヘレナでのナポレオンの姿が生き生きと綴られていた。
6 年後、セントヘレナ島中央にあるロングウッド・ハウスで 51 歳の波乱に満ちた人生を終えるとき、生涯愛した元妻ジョゼフィーヌの名前を発したという。
かつての皇帝が絶海の孤島に流されながらも、**最後まで誇りを失わず**に死んでいったことをフランス国民は知る。ナポレオンの死から 19 年後、フランス国民の声に屈してイギリスは遺骸の返還を決定。
ついに彼はパリに帰還した。自ら命じて作らせたエトワール凱旋門をこの時、初めて通ることになった。
「自由、平等、友愛」を基本原則としたナポレオン法典はその後の近代的法典の基礎とされ、多くの国の民法に影響を与えている。
当時の文学者は「彼は生きている時に世界を失い、死んで世界を我がものとした」と言った。

ソマリア連邦共和国
Federal Republic of Somalia

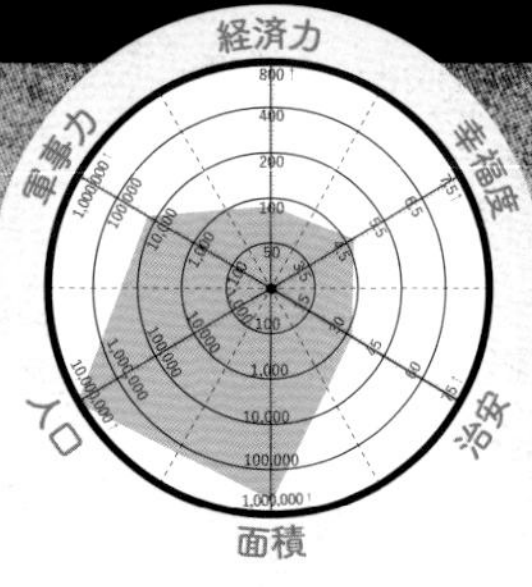

人口 17,000,000 人
面積 638,000km²
GDP 81.6 億ドル
兵力 19,800 人
治安 31.4　幸福 4.668

国名コード➡ SO / SOM
主な住民➡ ソマリ族
主な言語➡ ソマリ語、アラビア語
主な宗教➡ イスラム教
主な産業➡ 農業、畜産

国連も逃げ出した戦国時代の破綻国家

アメリカ合衆国の特殊部隊レンジャーやデルタフォースの作戦は30分で完了するはずだった。ソマリア民兵が放ったグレネード弾がアメリカのヘリ「**ブラックホーク**」を撃墜。15時間に及ぶ戦闘でアメリカ兵士19名の死者を出す。
その後、アメリカを中心とした国連部隊は、ソマリアから撤退。
内戦は激化し、国際社会は治安介入を諦めた。

この地は、もともとソマリ族の6つの氏族がそれぞれこの一帯で生活をしていたが、19世紀後半から次々と列強による植民地支配を受けるようになった。第二次世界大戦後、イタリアとイギリスの植民地が独立し合併、ソマリア共和国が誕生するが、その後のクーデターで実権を握った政権によって社会主義国家となる。以後の20数年間の統治でソマリアは隣国エチオピアに侵攻。戦争による経済危機で、国内は混乱。内戦が各地で勃発する。
比較的治安が安定していた元イギリス領の北部地方は中央政府に反発、「ソマリランド」として独立宣言をする。
頻発するテロや武装勢力による戦闘は続き、大統領は国外へ亡命、暫定政府が発足されるも内部抗争で分裂。
内戦は泥沼化していく。

ついに、アメリカ軍を中心とした国連平和維持軍が派遣されるが、ソマリアの実権を握った武装組織は**国連に対して宣戦布告をした**。
和平に従わない武装組織の幹部捕縛を狙い、アメリカと多国籍軍は強襲するが、激しい抵抗を受け撤退。
国連の完全撤退後、北東部がプントランド共和国、南西部が南西ソマリアとして次々に独立を宣言、氏族・軍閥・宗派と、さまざまな**勢力が対立する群雄割拠状態**となる。
周辺関係国の仲介と軍事介入によってそれらの地域を連邦制にした新政府「ソマリア連邦共和国」が樹立されるが、反対する勢力の抵抗は継続。ソマリア近海を航行する各国の商業船は海賊行為により大きな被害を受け、世界貿易コストの上昇を招く。多くの国が船舶警備のためにそれぞれの海軍艦隊を派遣し武力鎮圧を行なった。
終わりの見えない内戦と飢饉により国内外に難民は絶えず、無政府状態は続く。

ソロモン諸島
Solomon Islands

経済力 幸福度 治安 面積 人口 軍事力

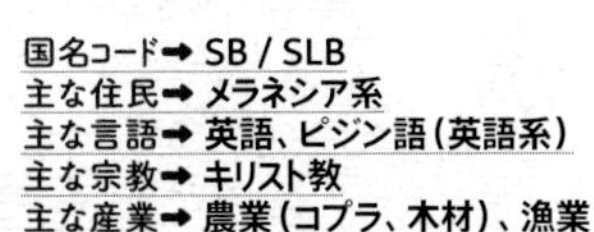

人口 708,000人
面積 28,900km²
GDP 16億ドル
兵力 0人
治安 不明 (注意 Level.1) 幸福 不明

国名コード➡ SB / SLB
主な住民➡ メラネシア系
主な言語➡ 英語、ピジン語（英語系）
主な宗教➡ キリスト教
主な産業➡ 農業（コプラ、木材）、漁業

ソロモンの秘宝と地獄の島

ソロモン諸島は数千年にわたって人が定住しており、先住民族のメラネシア人が暮らしている。その後、西洋列強の植民地支配を受け、太平洋戦争中には日本軍とアメリカ軍の激しい戦闘が繰り広げられた。戦後はイギリスの統治下に置かれ、1978年に独立を果たす。

16世紀にスペイン人探検家がこの島で砂金を発見した。その豊かな資源に、古代イスラエル王**ソロモンの財宝の源である伝説の島**だと噂され、この名前が定着したとされる。
ソロモン王は旧約聖書に登場するダビデの息子で、紀元前10世紀のイスラエル王国第3代目の王。最高の智者と称えられ、都市開発、外交手腕で多くの業績を残し周辺地域に影響を及ぼした。ソロモン王は即位した直後から神殿の建設をはじめ、そこに神の臨在を象徴する秘宝で、十戒で有名なモーセが作った聖櫃と呼ばれる「契約の箱」を収蔵したという。
ソロモン王の伝説は、後にさらに多くの伝説と物語を産むこととなる。
ソロモン王は民を統治できるかと心配し神に助けを求めた。神は望みが何かを尋ねると、**彼は財宝ではなく「知識」を求めた**。神は喜び、あらゆる叡智を与え、また大天使ミカエルからは「悪魔」を支配できる指輪を授かった。これはソロモン王が異国の妻を多数娶ったため、異教の神を祀っていたという噂から、悪魔を使役したという伝説が生まれた。ソロモンはその知恵と指輪で**72柱の悪魔を使役**し、神殿の建築を進めた。その後、神の意思によりソロモンは悪魔たちに真鍮の壺に入るように命じ封印、そして神聖な力によってバビロンの穴と呼ばれる深い湖に閉じ込めた。後に人々がソロモンの財宝を期待して、この壺の封印を解いてしまい、悪魔たちは拡散してしまったという。ソロモンの死後イスラエルは分裂、紀元前6世紀にはバビロニア王国によって神殿は破壊され、聖櫃は持ち去られてしまう。
ソロモンの伝説には、財宝や資源だけでなく、叡智や魔術に関する秘宝も含まれていた。失われた聖櫃（アーク）は、日本に伝わる三種の神器にも類似しているとされている。
17世紀に「ゴエティア」という魔導書が発行された。そこには、**魔法陣と呪文によって拡散したソロモンの悪魔たちを召喚し**使役する方法が記されていた。

1942年、このソロモン諸島ガダルカナル島を巡り、日本とアメリカで地獄のような戦いが繰り広げられた。補給路を絶たれた日本軍部隊は多数の餓死者を出したため、**その地獄のような光景**とガ島の略称から「餓島」とも呼ばれた。

ツバル
Tuvalu

人口 12,000人
面積 26km²
GDP 0.6億ドル
兵力 0人
治安 不明（安全） 幸福 不明

国名コード➡ TV / TUV
主な住民➡ ポリネシア系
主な言語➡ 英語、ツバル語
主な宗教➡ プロテスタント
主な産業➡ 漁業、入漁料、観光業、海外援助、通信ライセンス料

海に沈みゆく国

地球温暖化の影響を受け、**海面上昇により国土は徐々に飲み込まれていく**。
オセアニアに位置し、9つの島からなる立憲君主制国家ツバル。かつてはエリス諸島と呼ばれていた。
この島の最初の居住者は、紀元前にカヌーでやってきたポリネシア人あるいはラピタ人といわれている。
ツバルは、1892年にイギリスの保護領のギルバートおよびエリス諸島の一部になり、のちにツバルという名でイギリスの植民地として分離、その後イギリス連邦の一員かつイギリス連邦王国として独立が認められた。
太平洋戦争で、アメリカ軍がこの地に滑走路を建設。この建設のために**島の自然は大きく変わってしまう**。かつては、井戸を掘れば地下水が湧いてきたが、滑走路建設で水質汚染が進み、さらに地下水脈も断たれ、雨水に頼る生活を余儀なくされていく。また、滑走路を舗装するコンクリートのために大量の砂がいたるところで採掘された。人口増加に伴い、採掘の穴は水たまりやゴミ捨て場となっている。
滑走路付近の埋立地への人家の集中による地盤地下も発生しており、大潮の際には島の各所で水が噴き出し、民家の浸水、道路や畑などが冠水するという問題が続いている。
特にサイクロンに襲われると、大きな被害がもたらされてきた。海抜が最高でも5mと低いため、海面の上昇によって国自体が脅かされる可能性がある。
ツバルは地球温暖化反対のシンボルとなった。しかし、一方では気候変動による海面上昇については否定的な実証データも、発表されている。
各国で議論がされる中、当の国民に危機感はなく楽観的だ。もともと自給自足での生活を行なってきた人々は、独立以来輸入品への依存が高くなったが、目立った産業もなく海外からの援助や基金運用と、「.tv」というインターネットのドメインの使用権契約料によって経済を賄っている。
しかし《いずれ人の住めない土地になるかもしれない》とされたことを踏まえ、ツバルは、環境難民として**国民を国外へ移住させる**ことを目標に、オーストラリアやニュージーランドに受け入れることを要請したが、移住は遅々として進んでいない。

トルクメニスタン
Turkmenistan

経済力
幸福度
治安
面積
人口
軍事力

人口 6,200,000 人
面積 488,000km²
GDP 780 億ドル
兵力 36,500 人
治安 不明（安定してるが不必要渡航中止）
幸福 5.474

国名コード➡ TM / TKM
主な住民➡ トルクメン系
主な言語➡ トルクメン語
主な宗教➡ イスラム教スンニ派
主な産業➡ 天然ガス･石油、綿花、牧畜

謎に包まれた国の燃え続けるゲート「地獄の門」

1971年、砂漠に直径約70mの巨大なクレーターが誕生した。地中から有毒ガスが発生し、引火した**炎は消えることなく、今も燃え続けている**。人々はこの光景を見て、地獄の入り口「ゲート」と呼んだ。

現在のトルクメニスタンがあるこの地域は6世紀頃から絶えず近隣国に侵略され支配されてきた。14～16世紀に現在のトルクメン人諸部族の形成が進み、定着した。かつてはソビエト連邦を構成する国の一つで、ソビエト連邦崩壊直前に独立した。

砂漠が国土の85%を占めており、国民のほとんどは南部の山沿いの都市に住んでいる。歴代の大統領は、情報の規制を徹底し大統領の個人崇拝的な政治を推し進め独裁国家と言われた。その一方で、石油や天然ガスの豊富な産出量により、国民は住宅や学費、公共料金が無料もしくは格安に提供されているため、国内の治安は安定している。外交的には「積極的中立」政策と呼ぶ独自の方針で、国連で「永世中立国」としての地位が認められた。

ソビエト連邦の構成国だった時代に、天然資源の調査に訪れた技術者が、首都から260km先にある砂漠を掘削したところ、天然ガスが発生した。一説によるとその技術者は、これを一時的なものと考え、有毒ガスが近隣に及ぶ危険から火をつけたとされる。すぐに燃え尽きると思われたが、その後半世紀以上に渡って消えることなく燃え続けている。その様子から「地獄の門」と呼ばれる。

ところで、「地獄の門」とは詩人で哲学者ダンテの長編叙情詩「神曲」に登場する。暗い森に迷い込んだ男が、大穴「地獄の門」から地球の中心にある地獄の底まで降りていった。各階層では罪を負った死者が様々な拷問を受けていた。最下層「コキュートス（嘆きの川）」にたどり着くと、そこには**神に叛逆した堕天使「魔王」が氷の中に幽閉されていた**。さらに男は中心を通り抜けて反対側の地表を登り地球の裏側に達するとそこには、魔王が墜落した衝撃で地球の反対側に持ち上がったという「**煉獄山**」という山があった。

男は山を登るにつれ罪が清められていき、山頂には地上の楽園があった。そして、その先には天界が広がり、様々な聖人と出会い、至高天において、ついにこの世の全てである神＝愛を見るのだった。

国民への情報は厳しくコントロールされ、入国できる外国人の数も制限、報道の自由はほぼなく、世界で最も情報が閉ざされた国と言われる。ホワイトシティという異名も持ち白い大理石で統一された首都と、燃え続けるゲートがあるこの国は、謎に包まれている。

トンガ王国

Kingdom of Tonga

人口 106,000 人
面積 720km²
GDP 5 億ドル
兵力 500 人
治安 不明（比較的安定） 幸福 不明

国名コード➡ TO / TON
主な住民➡ ポリネシア系
主な言語➡ トンガ語、英語
主な宗教➡ キリスト教
主な産業➡ 農業、林業、漁業、自動車関連、出稼ぎ

列強と渡り合った誇り高い王国

南太平洋諸国のなかでも最も伝統社会を色濃く残しているトンガ王国。
約 2500 年前に**ラピタ族が最初に居住し**、徐々にトンガ人として民族を形成。10 世紀には王国が誕生していた。ヨーロッパ人が訪れた時には、すでに大海洋貿易帝国として勢力を持ち、海軍力をもったトンガには西洋列強も慎重に接触せざるを得なかった。
トンガ人は伝統文化や儀式を継承し、複雑な社会構造を包括していった歴史から、調和を重んじることや本音と建前を使い分けることに長けていた。
イギリス人探検家ジェームス・クックが来航した際は、丁重な応対をしたことで、ヨーロッパでは「フレンドリー諸島」と呼ばれて知られていく。
トンガを勢力圏に治めたかったイギリスは、キリスト教の宣教師とともに西洋の文化と技術を持ち込んだ。また**銃という火器**が流通することでトンガ王朝は不安定化し権力争いが勃発。
しかしヨーロッパの植民地化手法を知った国王は、自らキリスト教に改宗し、「聖戦」とすることで内乱を終息させ、さらには列強に対抗するように隣国へ勢力を拡大する気配をみせた。
またイギリスのキリスト教牧師を王国の顧問とし憲法を整備、トンガを立憲君主国として世界に宣言する。
成文憲法を整えたトンガに対しイギリスは友好条約を持ちかけ、トンガの防衛を担う代わりに保護国として外交権を取得することに成功する。
しかしイギリスはトンガの内政に関与できず、トンガは外国人への土地の売却を禁止。一方、イギリスはトンガの財政問題を理由に併合を迫る。この事態に王は国内のインフラを早急に整え、コプラの輸出を中心に、積極的にイギリスとの交易を行なっていった。
度重なる改革や植民地危機を乗り越えイギリスと良好な関係を築き、1970 年にトンガは完全な独立国となる。
南太平洋諸国では周辺の島が次々とヨーロッパの植民地支配下に置かれてきた中で、一度も植民地化されず、現在まで王制が続いている唯一の国となった。
トンガ人は体が大きく、**ガリバー旅行記に描かれた「巨人の国」**のモデルになったともいわれる。
ガリバーが小人の国から戻り、次にたどり着いた「巨人の国」で国王に対し火薬の製法を教えようとする。しかし国王は「王国の半分を失くしても知りたくない**悪魔の発明**」とガリバーと人類を非難した。
その後、再び船旅に出航したガリバーは暴風雨に会い漂流してしまう。無人島で絶望していたガリバーの上空に現れたのは**空飛ぶ島「ラピュタ」**だった。

ナウル共和国

Republic of Nauru

人口 11,000 人
面積 21km²
GDP 1.5 億ドル
兵力 0 人
治安 不明（概ね良好） 幸福 不明

国名コード➡ NR / NRU
主な住民➡ ミクロネシア系
主な言語➡ 英語、ナウル語
主な宗教➡ キリスト教
主な産業➡ 鉱業（リン鉱石）

経済力 幸福度 治安 面積 人口 軍事力

消息不明になった国

2003 年、**突然全ての国との連絡を絶った国がある**。かつては、リン鉱石の輸出によって栄え、太平洋地域で最も高い生活水準の楽園だった。

ナウル共和国は、ミクロネシアの様々な島から人が渡ってきて形成された。1798 年に初めてイギリスの捕鯨船が、ナウルに到着した。のちに、ドイツの支配下に入り、「ナウル」という名が使用されるようになった。

その後、リン鉱石の発見により本格的な採掘が開始される。

リン鉱石はアホウドリなどの海鳥の糞が大量に堆積され長い時間かかって鉱石となったものだ。

第一次世界大戦が勃発すると、オーストラリア軍によってナウルは占領され、戦後は国際連盟の委任統治領となった。太平洋戦争が勃発すると、ナウルは日本軍によって占領される。戦争が終結すると、ナウルはオーストラリア、ニュージーランド、イギリスの３ヶ国が施政国とする国連信託統治地域となった。

主にオーストラリアによる実質的な信託統治が続いていたが、国土の荒廃や採掘料支払の問題が深刻化し、独立への機運が高まった。そしてついに 1968 年、ナウル共和国として独立を達成する。この独立に伴い、リン鉱石採掘から得られる巨額の収入がナウル国民に還元。その結果、1980 年代には国民１人当たりの GNP（国民総生産）は、当時の日本の約２倍、アメリカ合衆国の約 1.5 倍という、世界でも**トップレベルの豊かな国家**となった。

住民の税金、医療費や学費、水道・光熱費は無料で、そのうえ生活費まで支給され、リン鉱石採掘などの労働は外国人労働者に任せっきりとなり、国民はほぼ公務員（10%）と無職（90%）だけとなった。

しかし、リン鉱石の産出量が落ち、国家の国外不動産投資も失敗し、唯一の交通機関であった国営航空会社が資金難で運航停止する。

さらに通信資金も枯渇して海外との連絡が**一切取れず「国ごと消息不明」**となった。

オーストラリアの救援隊により数週間後にようやく復旧。

現在では、わずかなリン鉱石の産出と、観光業、金融サービスで再起が図られている。

ノーフォーク島

Norfolk Island（オーストラリア連邦領）

経済力 幸福度 治安 面積 人口 軍事力

人口 2,210 人
面積 34.6 km²
GDP オーストラリア連邦
兵力オーストラリア連邦
治安 不明（オーストラリア連邦） 幸福 不明（オーストラリア連邦）

国名コード➡ NF / NFK
主な住民➡ ピトケアン系（イギリス人とタヒチ人の混血）
オーストラリア系、ニュージーランド系
主な言語➡ 英語、ノーフォーク語
主な宗教➡ キリスト教
主な産業➡ 観光業、自給自足

流刑囚と反乱者の子孫

18 世紀にジェームス・クックが発見し、ノーフォーク公爵の名にちなんでノーフォーク島と命名した。
ノーフォーク島の最初の居住者は東ポリネシア人であり、彼らは一定の期間、島に居住していたがジェームス・クックの到来までには姿を消していた。
イギリスは、1788 年ポートジャクソン湾からノーフォーク島に囚人を移送し、**流刑植民地とした**。
植民地経営の労働のために囚人を植民地へ送るというイギリスの慣習は、アメリカ大陸の入植でも行われ、白人年季奉公人制度の一部。黒人奴隷制度とは異なり一定の期間後は解放される。アメリカの独立により囚人の移送先が必要だったという背景もあった。
ノーフォーク島は資源供給拠点として期待されたが、資源は乏しく、1814 年には一度、島は放棄される。
約 10 年後に流刑地として再開されたが、流刑地の廃止に伴い、1856 年には**バウンティ号の反乱者の子孫たち**（p.50 参照）約 200 名がピトケアン島から移り住み、主要な定住者となった。
その後、イギリスの植民地であったオーストラリアからノーフォーク島への移民が第二次世界大戦後に増加する。以後は、観光が盛んとなり重要な産業に育っていく。
オーストラリアはニューサウスウェールズ州の一部に組み込むことを決定するが、独自のノーフォーク島法により設置されていた立法評議会は、これを拒否。
それまでオーストラリア政府に頼らず、島の経済はノーフォーク島自治政府で運営することができていたため、住民は島の独自性を保つことを望んだ。
しかし、オーストラリアはノーフォーク島の立法評議会側の意向を無視する形で、自治の廃止を強行採決で可決した。評議会は解散となりオーストラリア政府の管轄下に入った。
自治政府廃止後、生活水準は高いものの財政難を抱え、オーストラリア政府がノーフォーク島の経済の管理を行っている。
島民の多くが島独自の自治権を求め、現在もデモや国連に働きかけが行われている。

ハイチ共和国

Republic of Haiti

- 人口 12,000,000 人
- 面積 27,750km²
- GDP 205.4 億ドル
- 兵力 500 人
- 治安 不明（渡航禁止）
- 幸福 3.597

国名コード➡ HT / HTI
主な住民➡ アフリカ系
主な言語➡ フランス語、ハイチ･クレオール
主な宗教➡ キリスト教、ブードゥー教
主な産業➡ 農林水産業、建設業･公共事業

黒き英雄たちの革命

ハイチを列強から独立に導いた元奴隷トゥーサン・ルーヴェルチュール。通称黒きスパルタクス。
アフリカからこのフランスの植民地に売られてきた**黒人奴隷の子として生まれる**。
トゥーサンは農園の管理者から教育を受け、家畜の管理や他の奴隷の教育係を任され、解放奴隷となった後は農園を管理していた。
フランス革命の影響により各地で黒人奴隷の反乱が起こる。トゥーサンは暴動による破壊や流血に対し否定的だったが、闘争が拡大しトゥーサンの元主人である白人家族に危険が及ぶようになると、彼らを安全な場所へ逃し、自らは反乱する黒人奴隷たちの拠点へ向かった。
反乱指導者たちの不適切さを指摘し、その後、彼は奴隷黒人暴動を組織化。反乱軍に加わったトゥーサンは、智謀に長けフランスやイギリスの軍をさんざんに苦しめる。そして単なる暴動に終わらせることなく、これを**独立運動に転化させていく**。
トゥーサン率いる革命軍は奴隷制度を巡ってフランス、イギリス、スペインと同盟や破棄を繰り返しエスパニョーラ島全島を制圧し奴隷を解放、憲法を制定する。その憲法ではすべての奴隷の解放が宣言に含まれていた。
フランスで独裁権力を握ったナポレオンは、再支配を試みてハイチに大軍を派遣した。フランスはトゥーサンの巧みな戦術と黄熱病に悩まされ苦戦するが、奸計を用いてトゥーサンを捕らえた。トゥーサンはフランスに送られ、拷問を受け獄中で死亡する。
ハイチではその意志を継いだ黒人指導者たちが独立闘争を続け、混乱や内戦を経てハイチ共和国の独立を実現させた。**黒人が主体となって独立した最初の共和国だった**。
しかしその後も、列強からの軍事的脅迫を受け続け、独立を保つことと引き換えに、フランス系植民者たちから接収した農園や財産に対する莫大な賠償金の支払いに応じることとなる。この巨額の賠償金による圧迫が経済の発展を妨げ、相次ぐ大統領の交代や内戦、国家分裂でハイチは混乱していく。
近年、国連安保理によりハイチ安定化ミッションが開始されるが、2010年にマグニチュード 7.0 の大地震が発生。30 万人以上の死者を出し、現在は最も貧しい国のひとつとなっている。

バチカン
Vatican

人口 600 ～ 800人
面積 0.44km²
GDP 未公開
兵力 0人（スイス衛兵）
治安 不明　幸福 概念なし

経済力 / 幸福度 / 治安 / 面積 / 人口 / 軍事力

国名コード➡ VA / VAT
主な住民➡ 修道者
主な言語➡ ラテン語、イタリア語、フランス語
主な宗教➡ カトリック
主な産業➡ バチカン美術館文化事業

囚われた教皇の国 ローマ・カトリックの総本山

ローマ教皇によって統治されている世界最小の国家バチカンは、ローマ・カトリック教会と東方典礼カトリック教会の総本山。
城壁に囲まれたバチカンの国民はほとんどが修道者で、国籍は聖職に就いている間に限り与えられる。教皇庁には約3,000人の職員がイタリアから通勤している。

約3000年前には人が住むことなく、埋葬地「ネクロポリス（死者の街）」として使用され、その後もローマ人の共同墓地になっていた。4世紀にイエス・キリストの第一の弟子、聖ペトロの墓所とされたこの地に、皇帝コンスタンティヌス1世が最初の教会堂を建てる。
やがてこの地に住んだローマ教皇が**教皇領の拡大**に伴い、強い影響力を持つようになると、バチカンはカトリック教会の本拠地として発展し栄えていった。
歴代教皇の恒久的な拠点となり、19世紀中盤までイタリア半島中部に広大な教皇領を保持していたが、イタリア統一運動によってイタリア王国が成立すると、イタリアは教皇領であるローマ市街の明け渡しを迫った。これにより教皇とイタリア王国政府の対立は避けられなくなった。
教皇領にはフランス軍が駐留し、フランスの後ろ盾により教皇領を維持していたが、その後に起こったフランスとプロイセン王国の戦争勃発により、教皇領の守備に当たっていたフランス軍が撤退。瞬く間にイタリア軍は全ての**教皇領を占領**した。
教皇領が廃止され、イタリアはローマに首都を遷都した。
教皇の地位を保証する制度が提案されたが、カトリック教会は政治権力に支配されないとし拒絶。カトリック信者に対しイタリア国政への不参加を呼びかけ、さらにイタリア政府関係者を破門にする強硬な処置をとった。
教皇はバチカンにひきこもり、自らを「バチカンの囚人」であると宣言、**イタリア政府と教皇は断交状態に陥った**。
この関係は半世紀後の1929年の条約まで続いた。教皇庁が教皇領を諦めるかわりに、イタリアはバチカンを主権国家として承認し和解が成立。
現在は多くの国と外交関係を有し、国際連合総会では常任のオブザーバーとして参加している。
また一切の軍隊を保持せず、永世中立国であるスイスからの傭兵が警察として市国警備を担当している。

バハマ国
Commonwealth of The Bahamas

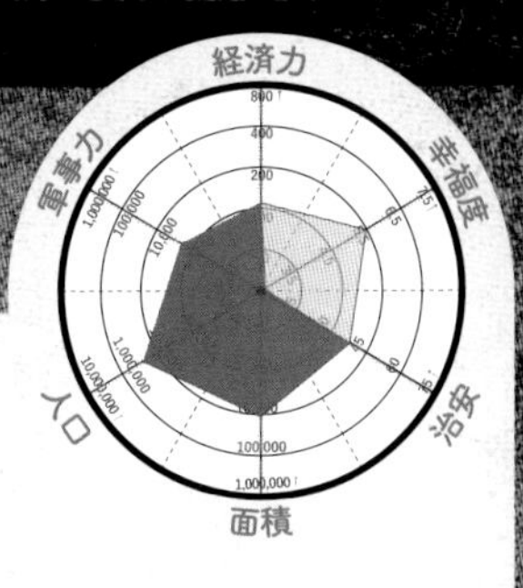

人口 393,000 人
面積 13,880km²
GDP 112 億ドル
兵力 1,300 人
治安 37.6　幸福 不明

国名コード➡ BS / BHS
主な住民➡ アフリカ系
主な言語➡ 英語
主な宗教➡ キリスト教
主な産業➡ 観光業、金融業

カリブの海賊共和国　伝説の海賊王

15 世紀後半、列強国であるポルトガルが海を渡ってインドを目指し始めると、対抗したスペインは未開の西方航路、太平洋の大海原に冒険家クリストファー・コロンブスを派遣した。
まだ地球が球体であることが実証されていなかった時代、この大航海は世界の果てへ向かう大冒険だった。
コロンブスが苦難の航海を経て到着した大陸は、目的地のインドではなく、その間にあったアメリカ大陸の中米カリブ海にある、現在のバハマだった。
この海路を通って多くのヨーロッパ人が進出してくると島に居た先住民は強制労働や疫病で死に絶えてしまった。
かわりに奴隷として多くの黒人を輸入しイギリスが植民地化を進めた。
列強国の植民地争いによりこの地を含む一帯は混沌とし、住んでいた地を追われた人々や海戦で使役された元水夫たちがやがて「海賊」となっていく。それらは組織化され、いくつもの**海賊団が誕生していった**。商船の略奪被害に悩む各国は、逆に海賊を公認の「私掠船」とすることで、自国の船を保護しライバル国の船を襲わせるようになっていった。次第に力を蓄えた海賊たちは、バハマに根城をつくり「**海賊共和国**」と呼ばれるようになっていく。最盛期には 200 隻の船と数千人の海賊が暴れまわった。

伝説となった**海賊王エドワード・ティーチ**。彼は私掠船の船員として頭角を現し、大型奴隷船を略奪し船長になると、たちまち勢力を拡大。豊かなアゴ髭と恐ろしい外見から「**黒ひげ**」と呼ばれた。公認された同国の商船すらも襲い海賊共和国の有力な船長の一人となった。
しかし列強国の休戦に伴い、各国の対海賊政策が強化されていく。イギリスは元・私掠船の船長で世界一周を成し遂げた「**海賊ハンター**」ウッズ・ロジャースを総督としバハマに派遣。船団はバハマの各海賊団に恩赦と引き換えに降伏を迫る。受け入れを拒否した一部の海賊を撃退し、イギリスはバハマを海賊から奪還する。
黒ひげティーチは降伏恩赦を受け入れ移住するが、その地の総督を買収。海賊活動を続けた。暴れまわる黒ひげ団を見かねてイギリス海軍は不意打ちでアジトの船を強襲。数発の銃弾と約 20 ヶ所に及ぶ刀傷を受け、黒ひげはついに倒れた。
世界に名をとどろかせた大海賊の財宝は、あらゆるところに隠されていると噂された。20 世紀末に発見された黒ひげの沈没船には目立ったものはなく、未だ彼の財宝は発見されていない。

パプアニューギニア 独立国
Independent State of Papua New Guinea

- 人口 9,150,000 人
- 面積 460,000km²
- GDP 318.2 億ドル
- 兵力 3,600 人
- 治安 20.1　幸福 不明

国名コード➡ PG / PNG
主な住民➡ メラネシア系
主な言語➡ 英語、トクピシン語、ヒリモツ語
主な宗教➡ キリスト教、伝統的信仰
主な産業➡ 鉱業（液化天然ガス、金、原油、銅）
農業（パーム油、コーヒー）、林業（木材）

神秘の力「マナ」「貝殻」の伝統通貨

ニューギニア島の東半分と大小600もの島々からなるパプアニューギニアは、険しい山岳地帯や湿地帯に阻まれて、小さなコミュニティが独自の文化・言語を発達させ、800以上の民族と異なった言語が使われている。

またメラネシア地域の人々は、すべての形あるものに精霊が宿り人間の力を超越した、**神秘的な影響を与える力「マナ」**という概念を持ち、人や物には特別な力が与えられると信仰してきた。

この地では約5万年前の人類の痕跡が見つかっていて、約5000年前には、貝殻の貨幣「シェルマネー」が使用されていた。

19世紀の植民地主義の時代、ドイツやイギリス、オーストラリアによって占拠、領土が分割され、住民は労働力として従事した。自給自足をベースにした**貝殻を通貨とする経済にヨーロッパ式の貨幣が導入**されることとなる。

太平洋戦争では日本と連合国の激戦地ともなった。日本軍降伏後、分割されていたパプアとニューギニアの領土は統合され、オーストラリアを施政権者とする国連の信託統治地域となるが、独立運動が活性化。1975年、外交と国防をオーストラリアから取り戻し、「パプアニューギニア独立国」として独立した。この時に独自の貨幣を発行するが、貝殻の貨幣は伝統通貨として現在でも一部の地域では使用され続けている。

貝貨の素材の貝は、地域の近辺にはほとんど生息しておらず、外部で獲得して持ち込まれていた。入所経路が発達していなかった頃には危険を冒して獲得する希少な財だった。現在では隣国から輸入されているが、原材料の希少性からインフレを起こさずにその価値を保っている。

街の大規模なマーケットで使用されることは現在ほとんどないが、今でも小さな市場での買い物や、罰金、授業料の支払いなどでは使用されることがある。自治体が受け入れた貝貨は売り出され、国の通貨と交換される。また、**貝貨の所有は社会的な権威**としての側面も強く、結婚の際の結納金や、葬礼の際には大量の貝貨を関係者や参列者に配ることで故人に対する人々の評価となり、またそれが慣習となっている。

現在も国民の多くが村落部で半自給自足の農業を行っている一方、都市部では順調な経済成長をみせるが、資金不足のため警察機構が十分機能せず、生活困窮者による犯罪は頻発している。

バミューダ（イギリス海外領土）
Bermuda

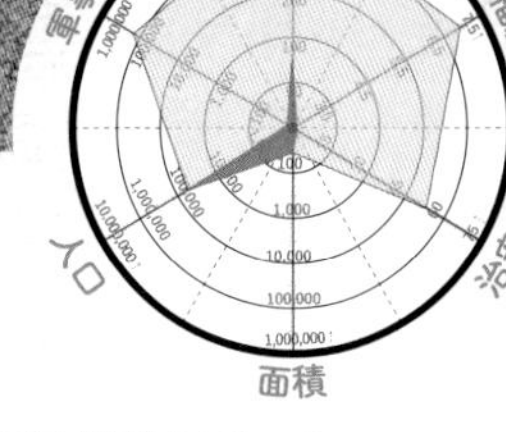

人口 72,337人
面積 53.3km²
GDP 73億ドル
兵力 イギリス
治安 不明（イギリス） 幸福 不明（イギリス）

国名コード➡ BM / BMU
主な住民➡ 黒人系、欧州白人系、混血
主な言語➡ 英語、ポルトガル語
主な宗教➡ プロテスタント
主な産業➡ 金融業、観光産業

伝説の魔の海域 遭難した人々が切り開いた島

通過中の船舶や飛行機が突如何の痕跡も残さず消息を絶つ。発見された船には乗船していたはずの乗組員すべてが蒸発していた…。
アメリカはフロリダ半島の先端と、北大西洋にあるプエルトリコ、そしてこのバミューダ諸島を結んだ三角形の海域は「**魔の三角地帯＝バミューダトライアングル**」と呼ばれた。
1974年に発行された「謎のバミューダ海域」が世界的にベストセラーになったことで、この伝説が多くの人々に知られるようになった。
実際は誤認や誇張、創作が含まれたものとされるが、メディアやオカルトファンの中では根強く数々の仮説が立てられ多くの物語の舞台になっていった。

バミューダ諸島はもともと無人島だったが、16世紀はじめヨーロッパの探検家によって発見される。以後は水・肉の補給地や、船の寄港地として利用されていたが定住するものはいなかった。
17世紀、イギリスから北アメリカ植民地開拓のために数隻の移民船が通過。その中の一隻がバミューダ沖で嵐に巻き込まれこの地に遭難した。
乗組員は全員遭難死したと思われていたが、船長はじめ乗組員は**バミューダで生き残っていた**。木を切り出し住居を建て、さらに難破した船から計器を取り出し２艘の船を造る。約10か月をかけ**ついにここを脱出**した。
２年後、脱出した船長を中心とした60人や、その他のイギリス人のバミューダ諸島への入植が始まる。
以後、インド人やアフリカ黒人奴隷が労働者として使役されイギリスの植民地となった。
アメリカの独立戦争ではイギリス軍の拠点となり要塞化が進み、地域で最も重装備を誇るイギリスの海軍基地に発展した。さらにアメリカの南北戦争では、武器の供給元として、またはヨーロッパとアメリカを結ぶ中継地として繁栄していく。
1995年、イギリスからの独立の賛否を問う住民投票が行われた。独立は否決されたが、イギリスの海外領土の中でも最も政治や経済的な自立が高く、金融と観光産業により一人当たりのGDPが高い裕福な島となった。

パラオ共和国

Republic of Palau

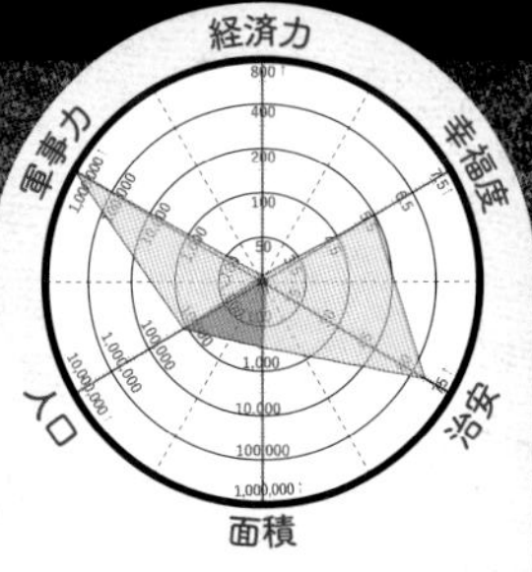

- 人口 **18,000 人**
- 面積 **488km²**
- GDP **2.3 億ドル**
- 兵力 **アメリカ合衆国**
- 治安 **不明（良い）**
- 幸福 **不明**

国名コード➡ PW / PLW
主な住民➡ ミクロネシア系
主な言語➡ パラオ語、英語
主な宗教➡ キリスト教
主な産業➡ 観光業

ペリリューのジャンヌダルク パラオに刻まれた日本

300 以上の大小の島々からなるパラオは、遺跡などから約 4000 年前に人類が住んでいたと推定される。
大航海時代に西洋人が来航するようになり、スペインが植民地とした。その後この地をスペインから購入したドイツは、ココヤシやタピオカの栽培、リン鉱石採掘などの産業を行い、現地人に重労働を課し支配した。
第一次世界大戦でドイツが敗戦したのち、日本が統治を始める。多くの日本人が移住し最も多い時は、**人口の 7 割を日本人**が占めた。日本統治下で道路や通信のインフラ整備が急速に進んでいく。産業も促進され、現地パラオ人の多くも安定した職を得た。教育インフラも整えられ、パラオ人にもその機会が与えられ、日本語を学んだ当時のパラオ人は現在も日本語を話すことができる。
アメリカとの太平洋戦争が始まり戦争が激化すると、日本はパラオのペリリュー島に洞窟を利用した地下要塞を構築。空爆と艦砲射撃が激しくなったころ、日本兵と親交を深めていたパラオ人たちは、**一緒に戦うことを申し出るが、強制的に他の島へ疎開**させられた。
その後、激戦地となったこの島で繰り広げられた戦いは、１万人以上の日本兵戦死者を出し、日本軍は壊滅。
この戦いで一人の日本人女性が戦ったという伝説がある。アメリカ軍の侵攻が迫り日本移住者の本土引揚が進められる中、パラオで開店した料亭の芸者だった彼女は、恋仲だった将校の後を追ってペリリュー島に渡ってきた。髪を切り軍服を着て**男装をした彼女**は、結果的にこの戦いに身を投じ命を落とす。
それを元に書かれた書籍やドラマでは、アメリカ兵に機関銃を乱射し戦った彼女は「ペリリューのジャンヌダルク」とされた。ペリリュー島日本兵玉砕の一報は「**サクラ、サクラ、サクラ**」という電文で伝えられた。
以後はアメリカの統治となったが、1981 年に自治政府が発足。パラオ政府が制定した国旗は日本の国旗に類似していた。
1994 年にアメリカの自由連合として独立。
今も戦車や戦闘機の残骸が残されているが、親日派の国民は多く、日系パラオ人は人口の 25% を占めている。パラオ語には日本語と類似した単語も多く、公用語が日本語である一部地域もある。

パラグアイ共和国

Republic of Paraguay

人口 7,000,000 人
面積 406,752km²
GDP 412.8 億ドル
兵力 14,000 人
治安 49.2　幸福 5.578

国名コード➡ PY / PRY
主な住民➡ 混血（白人と先住民）
主な言語➡ スペイン語、グアラニー語
主な宗教➡ カトリック
主な産業➡ 農業、製造業（自動車部品など）、電力

宣教師たちが目指した理想郷

この地にたどり着いたスペイン人を、先住民は迎え入れ共存を図った。
混血人も生まれ平和な開拓と交流が進んでいたかにみえたが、本格的に街の建設が始まると、スペインはここを植民地とし先住民を奴隷化しはじめた。
先住民の反乱が相次ぐ頃、植民団とともにイエズス会の**宣教師たちがやってくる**。彼らはキリスト教による理想郷を目指し、困難を経て、先住民たちへの布教に力を注いだ。彼らが布教した村落の先住民たちは自由が与えられ、農場収益は平等に分配される。
先住民奴隷の労働力を奪われることになったスペインの開拓支配者たちとイエズス会の布教村落の二重社会となり、対立は激しくなるが、いくつもの教化村が集まった地域ではイエズス会士たちと先住民たちによって高度な自治が展開されていった。
布教村落の男性は戦士として武装し奴隷狩りの武装組織と勇敢に戦った。スペイン辺境地を防衛する役目も担うこととなり、半ば独立国家のような地域「**イエズス会国家**」とも呼ばれるようになっていく。
農村で暮らし、貧しいながらも信心深く、温厚でありながら、いざとなれば非常に勇敢な戦士となる人々は、その後 100 年近く平和に存続した。
その後、スペインとポルトガルの争いが激しさを増し、2 国間の条約により一部の布教村落は分割されることとなる。それに抵抗したイエズス会は、スペインとポルトガルの共同軍によって攻撃を受ける。
これを期に、王権の強化を図ったスペイン国王によって、植民地を含むスペイン全土からイエズス会は**追放され**パラグアイからも撤退することとなった。イエズス会のかわりにこの地を統治したものは、布教村落からの収奪を省みず、この地は衰退の一途を辿った。
しかし 19 世紀初頭、本国のスペインがフランス、ナポレオンの侵略と圧力を受け混乱しはじめると、彼らはパラグアイ共和国の独立を宣言した。
国内の人種による差別を破壊するため国民の混血を奨励し、義務教育や鎖国的な保護貿易によって国内産業の発展の基礎を築く。のちに開放政策に切り替え貿易黒字によって南米で**最も近代化し、最強の軍隊を有する**ようになる。
しかし、国境を接する国々と領有地をめぐる紛争に、パラグアイの発展を疎んでいたイギリス帝国が介入。イギリスの資金提供と援助を受けた隣国3国による同盟軍にパラグアイは壊滅的な敗戦を喫する。この戦いの影響によりパラグアイは広大な領土と半数近い国民を失った。
その後も政治的、経済的な混乱は続き、復興に長い年月を要していくこととなった。

ピトケアン諸島

ピトケアン（イギリス海外領土）

Pitcairn Islands (Pitcairn Group of Islands)

経済力 幸福度 治安 面積 人口 軍事力

人口 47人

面積 47km²

GDP イギリス

兵力 イギリス

治安 不明（イギリス）　幸福 不明（イギリス）

国名コード➡ PN / PCN
主な住民➡ ピトケアン人（イギリス人とタヒチ人の混血）
主な言語➡ ピトケアン語、英語
主な宗教➡ プロテスタント
主な産業➡ 農業、漁業、通信ライセンス料

恐怖と理想のハーレム島

スペイン人がピトケアン島を発見した時には既に無人島であったが、15世紀頃までポリネシア人が住んでいた痕跡が考古学的に明らかになっている。

1789年、タヒチから西インド諸島へ輸送任務中のイギリス船**「バウンティ号」で反乱が起こる**。反乱のリーダー航海士フレッチャー・クリスチャンは、艦長以下十数名を救命艇に乗せ追放した。

反乱者を乗せたバウンティ号はその後一旦タヒチ島へ戻った。十数名の船員はタヒチ島に残り、クリスチャンを含めた9人の反乱者はタヒチ島の現地人（男6人、女11人、赤子1人）たちと共に出航、海図には記されていない絶海の孤島ピトケアン島にたどり着いた。クリスチャンらはバウンティ号を破壊し、島での自給自足の生活を始めた。

しかし**彼らは衝突し合い、殺し合いに発展する**、リーダーのクリスチャンも死亡。イギリスがこの島を発見した1800年ごろには**反乱者の最後の一人ジョン・アダムスと10人のタヒチ女性**と二十数名人の子どもが暮らしていたという。

現在、島民の多くは、バウンティ号の反乱を起こしたイギリス人乗務員とタヒチ人女性との間に生まれた子孫である。

島民は熱心なプロテスタントである。悪夢の殺し合いを経験した最後の生存者であるジョン・アダムスは、聖書に救いを求め、子供達に読み書きを教え、聖書により島を平和に治めていた。島民すべてが住む小さな町はアダムスタウンと名付けられた。

島の人口が増えると水不足が深刻となり、ノーフォーク島に移住することになったが、一部の住人はこの島に戻ってきた。

1999年、この島の14歳以下の少女と大部分の成人男性が性交渉をもっているという事実が明るみに出る。当時のヨーロッパの価値観では**強姦事件**とされ、男性島民たちは裁かれることとなったが、古いポリネシアの文化基準から島民は男性も女性も島の風習であることを主張した。

この事件以降、島の文明化をすすめるため、イギリス政府は島へ大規模なインフラ整備の投資を始めた。そのため人口数十人の離島にかかわらず、十分過ぎるほどのインフラが整うこととなる。

ブータン王国

Kingdom of Bhutan

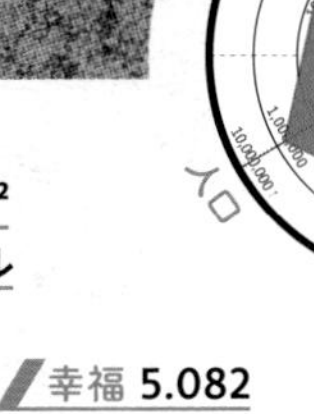

人口 779,000 人

面積 38,400km²

GDP 26.4 億ドル

兵力 9,000 人

治安 不明（良好） 幸福 5.082

国名コード➡ BT / BTN

主な住民➡ チベット系、ネパール系

主な言語➡ ゾンカ語

主な宗教➡ チベット系仏教、ヒンドゥー教

主な産業➡ 農業（米、麦）、林業、電力、観光

龍が住まう 幸せの国

国土のほとんどが山岳地帯で、土地の高低差が激しい国。「雷龍の国」が語源となるブータン。

経済成長のみに偏重せず、国民総幸福量という独自の概念を提唱した宗教国家。

7～8世紀ごろ、チベット仏教僧によって広範囲に仏教の寺が建てられ、このヒマラヤの一地域に仏教が根を下ろしていった。

17 世紀ここに移住したチベットの高僧が他の仏教勢力をおさえ聖俗界の実権を掌握。さらにチベットに侵攻していたモンゴル軍からの攻撃を度々撃退し、統一国家が成立。以後、宗教政権による国家運営が始まった。

19 世紀末にイギリスやインドの干渉により各地で内乱が多発したが、戦乱を収めた豪族が宗教界や住民に推され初代の世襲藩王に選出される。第3代国王の時代に、農奴解放、教育の普及などの制度改革を行い、近代化政策を開始。第4代、5代国王の代では民主化路線が加速し王政から立憲君主制に移行した。

ブータンは一貫した**鎖国政策を行ってきた**。第3代国王によりようやく開国政策を採りだし 1971 年に国連に加盟するが、節度ある開国を基本政策として急速な近代化を拒んできた。

世界の先進国に比べて物質的に貧しくとも、国民は標高 2000m 以上の谷間に広がる平地に暮らし、温暖な気候でヒマラヤの雪解け水が絶えず供給され干ばつの被害もなく自給自足が十分可能だ。2005 年の国勢調査では国民の 97%が幸福と回答した。

ブータンでは全ての考え方が仏教に根付いている。

際限のない物質的豊かさだけを追い求めるのではなく、精神的な豊かさとのバランスを意識した国家運営を行っていた。

発展途上国ながら、国連関連機構が発表する 2013 年の国民幸福度では、北欧諸国に続いて世界8位となり各国のメディアが「世界一幸せな国」と話題にした。のち、急速な欧米化の波と情報の流入により 2019 年の発表では 95 位に留まり、以来国連関連機関の発表には登場していない。

緩やかな経済発展を標榜しながらも、ブータン社会は急激な近代化の波に晒されている。

それでも治安は今でも最も良い国のひとつで、礼儀正しい国民性は変わっていない。「私たちは**心の中にある「龍＝人格」を大切に育てたい**」と現国王（龍王）は各国でスピーチした。

ブルネイ・ダルサラーム国

Brunei Darussalam

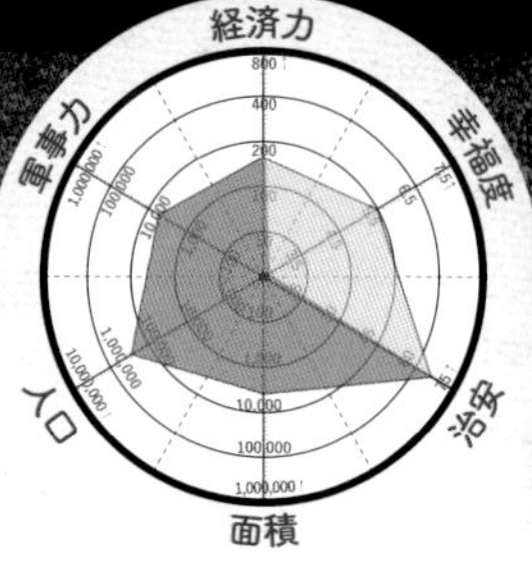

人口 440,000 人
面積 5,765km²
GDP 166.4 億ドル
兵力 7,200 人
治安 71.0　幸福 不明

国名コード➡ BN / BRN
主な住民➡ マレー系、中華系
主な言語➡ マレー語、英語
主な宗教➡ イスラム教
主な産業➡ 石油、天然ガス

非常事態が半世紀続く 豊かで平和な水上都市国家

世界最大とされる水上集落がある。一説では1000年前から存在すると伝承されるが、水上である故に遺跡が発見されていない。
かつては王族や貴族が土地に住み、一般市民が水上で集落を作ったとされるが、高温多湿なブルネイにおいて、水上集落は今も国民に人気が高い。

ブルネイは5世紀ごろから天然の良港を持つ都市国家として発展し、イスラム教の影響を強く受け15世紀には王国となり、現在の国家の基礎を確立。近隣の沿岸地域を支配する海洋帝国として発展する。
しかし、その後の西洋列強国の進出により、次第に領土をもぎ取られ、イギリスの保護領となる。
農産業に乏しかったブルネイではヨーロッパ人の搾取の対象となる作物がなかったことから特段注目されていなかったが、イギリスの統治下で**石油と天然ガスが発見され**、一躍東南アジアの重要拠点となっていく。
第二次世界大戦では日本軍が侵攻。日本統治下でインフラが整えられていくが、大戦後イギリスの保護下に戻ると、徐々に独立の機運が高まり、ブルネイ人民党が結成、数度の条約改正を経て1959年にイギリスから内政の自治を回復した。しかし続いて王政の廃止や近隣国との連邦構想に反対したブルネイ人民党の急進派が武装蜂起。国王（スルタン）は非常事態を宣言し反乱を鎮圧するが、その影響から**半世紀たった今でも国王は非常事態を解除せず**、行政権は国王が握っており、実質上の絶対王政となっている。
その後の世界経済を混乱させたオイルショックによる原油高騰の恩恵を受けて一気に豊かな国になったブルネイは、1984年イギリスより独立。国民の所得税や消費税もなく、教育費や医療費が無料となり、公営住宅の家賃も格安で提供され、安定的な治安と就業率で、高い生活水準を維持している。
国名の語源から、永遠に**「平和な土地」を標榜**するブルネイ 。厳格なイスラム社会を維持しているため、派手な娯楽や酒類の販売が禁止され、「**退屈な国**」とも言われる。
健全な娯楽を楽しめるよう、国王は私財で巨大な遊園地を郊外に作り、国民に提供している。
しかし輸出の大半を石油資源に依存しているため、くるべき資源の枯渇に備えて産業の多角化を進めている。

ベナン共和国
Republic of Benin

- 人口 13,000,000 人
- 面積 112,622km²
- GDP 174.1 億ドル
- 兵力 7,250 人
- 治安 不明（不渡航勧告）
- 幸福 4.623

国名コード➡ BJ / BEN
主な住民➡ 46部族
主な言語➡ フランス語
主な宗教➡ イスラム教、キリスト教、ブードゥー教
主な産業➡ 農業（綿花、パームオイル）、サービス業（港湾業）

女戦士の軍団「アマゾネス」

奴隷貿易を開始した西欧に加担し、アフリカ人でありながら周辺の敵対する村を襲い、捉えたアフリカ人を奴隷として売り、一時の繁栄を誇った国があった。

アフリカ大陸西部に位置し、この地でフォン族を中心として形成されたダホメ王国は、主な「輸出品」が奴隷となることで栄えた国のひとつ。その利益で西欧から火器を輸入することで、さらに対立民族との戦いを優位に進め勢力を拡大していった。捕虜奴隷は次々と西欧に輸出され、沿岸は「奴隷海岸」と呼ばれるようになっていく。

しかし、繰り返される奴隷狩りと戦争で慢性的な男性不足に陥ったため、兵士の主力として**女性だけの軍団が編成される**。

元は象を狩猟する隊が起源となり、当時の女王の警護を行う女性だけの親衛隊が作られた。後の王により再編成され、忠誠心の高い彼女たちが中心となり、招集した女性たちを厳しい軍事訓練で組織化していった。戦いを繰り返すうち、その戦闘力と残忍さは敵対民族のみならず、多くのヨーロッパ人や商人を驚かせた。ギリシャ神話に登場する女性戦士になぞらえ、のちに「アフリカのアマゾネス（アマゾン）」と呼ばれた。ダホメ王国の勇猛果敢な女戦士部隊は、全盛期には数千人以上の兵士数だったとされる。

西欧では、19 世紀になると産業革命が起こり、農園収益から都市部の工業収益にシフトしはじめる。奴隷制の否定の動きとともに、今度は大量生産された商品の売り先を求めた西欧列強国は市場の囲い込みに、アフリカを分割統治する植民地支配を開始した。

フランスは、過去の奴隷狩りでダホメ王国に対して恨みを持つ部族たちを利用した。圧力をかけ続けられたため、ダホメ王国は、ついにフランスと戦争を開始する。数年に渡る戦いで彼女らは果敢に戦ったが、**多くが戦死し、敗戦**。フランスの植民地となり、フランス領ダホメと改名した。

1960 年の独立後、社会主義政権、民主主義政権、クーデター、軍事政権などさまざまな政権が誕生し波乱の歴史を歩んできた。

1990 年「ベナン共和国」と国名を変更。以後、アフリカ大陸の国家の中でも安定した政治体制と経済成長を続けているが、人口増加や格差の拡大で貧困を十分に削減するには至ってはいない。

多くの奴隷が貿易船に運び込まれたとされるウィダー沿岸の場所には「**帰らざる門**」が建立されている。

ボリビア多民族国

The Plurinational State of Bolivia

経済力
幸福度
治安
面積
人口
軍事力

- 人口 11,960,000 人
- 面積 1,100,000km²
- GDP 432.2 億ドル
- 兵力 35,000 人
- 治安 39.2
- 幸福 5.600

国名コード➡ BO / BOL
主な住民➡ 先住民、非先住民
主な言語➡ スペイン語、ケチュア語、アイマラ語、先住民言語36言語
主な宗教➡ カトリック
主な産業➡ 天然ガス、鉱業（亜鉛、銀、鉛、錫）
農業（大豆、砂糖、トウモロコシ）

征服者（コンキスタドール）と解放者（リベレイター） そして…インカ帝国末裔たちの戦い

ナスカの地上絵や空中都市マチュピチュ。数千年前に発祥した謎の多い古代文明のひとつ「アンデス文明」の中で、最も繁栄し先住民最後の国家となった「インカ帝国」は、16 世紀のヨーロッパ人の襲来とともに、終焉を迎える。

「征服者（コンキスタドール）」と呼ばれたスペイン人の**略奪組織により**インカ帝国の都市や文明は**ことごとく破壊され**、先住民には疫病も広がりその多くが死んでいった。広大な領土を植民地化したスペインはこの地をペルーと名付ける。

ペルーの東部地域に銀山が発見されると、労働力として先住民をかき集め酷使、その利益を収奪していった。この東部地域は、アルト・ペルー（高地ペルー）と呼ばれ、のちの南アメリカの独立運動により「ボリビア」という国家となる。

スペインの支配下で、先住民に対する抑圧的な支配と収奪が 200 年もすぎる頃、**インカ帝国皇帝の末裔**だと自称した男が反乱を起こした。多くの先住民を苦しめてきた鉱山や工場の強制労働の廃止を宣言して先住民を結集し、たちどころにアンデス地域全体を揺るがす大きな反乱へと発展した。

アルト・ペルーでも激しい包囲戦が繰り広げられ、スペイン植民地政府の威信は大きく揺らいだ。スペイン軍は各地から増援を集めて反乱は鎮圧されるが、征服者からの独立の機運は徐々に高まっていく。

その後、ヨーロッパの政局が混乱しはじめると、同じくスペインの植民地だったラテンアメリカ北部のベネズエラで、**現地生まれの白人シモン・ボリバルが独立戦争に参加**し、首領となってからはベネズエラ、次いでコロンビアを独立させることに成功する。ラテンアメリカをスペインの支配から解放し、統一的な共和国を設立することを掲げ、徐々に南下、エクアドルも解放しついにペルー攻略に差し掛かった。

時を同じくして、ラテンアメリカの南にあるアルゼンチンでも独立運動が繰り広げられていた。

軍を率いるホセ・マルティンは全てのラテンアメリカの独立を理念として北上を開始する。アルゼンチンに続き隣国チリを解放すると、ペルーに侵攻。海岸地域をおさえペルーの独立も宣言した。しかし、東部のアルト・ペルーに勢力を展開しているスペイン軍は強力で、ホセ・マルティンは北部から展開するシモン・ボリバル軍の支援を求める。1825 年全てのスペイン軍は敗退、ラテンアメリカ大陸部での解放戦争はここに終結した。

このペルー東部地方アルト・ペルーは、解放者シモン・ボリバルの名前をとって国名を「ボリビア」とした。

マカオ（中華人民共和国特別行政区）

Macau

経済力 幸福度 治安 面積 人口 軍事力

人口 700,000 人
面積 30km²
GDP 219.8 億ドル
兵力 中華人民共和国
治安 不明（安定） 幸福 不明（中華人民共和国）

国名コード➡ MO / MAC
主な住民➡ 中国系
主な言語➡ 中国語、英語、ポルトガル語
主な宗教➡ 仏教、道教、キリスト教
主な産業➡ カジノ、観光業

カジノ王の帝国

マカオは多くのカジノが運営されていることから、「東洋のラスベガス」ともいわれている。

マカオで長年独占的にカジノの経営権を独占していた通称「カジノ王」と呼ばれたスタンレー・ホーは、香港やマカオなどに多数の土地を所有し、観光、船舶、不動産、航空、銀行など、多くのビジネスを展開、実に 35 年以上にわたってマカオの経済を支えた。

元々マカオは中国（明王朝）の小さな漁村だったが、16 世紀にポルトガルがアジア交易の中継地として居留するようになると、中国本土から仕事を求め多くの移民が訪れた。土木工事や港の労働者で賑わい、そこでは賭博が流行していく。しかし 19 世紀になると勢力を伸ばしてきたイギリスが香港を得て、アジア貿易の中心が香港となる。貿易港としての価値が下がったマカオでは収益を目的とした**カジノの合法化に踏み切った**。

第二次世界大戦が終了したのち、マカオはカジノの独占営業権を競争入札にかけた。これを落札したのが後のマカオカジノ王ことスタンレー・ホーが出資する組織だった。

スタンレー・ホーは 1921 年に香港の富豪一族の家に生まれた。裕福な家庭だったが、世界恐慌の影響で財産を失い、ホーは貧困の中で育ったという。

その後日本が香港を侵略した際にマカオに逃れた彼は、日本人が所有する貿易会社に勤める。戦時の日本と中国への密輸で最初の財産を築く。その収益で建設会社を設立し、戦後の香港の建設ブームでさらに富を増やしていった。

さらにマカオで始まったカジノ営業権の入札で、ポルトガル植民地当局にギャンブルで観光を促進しインフラを整備すると約束をかわし、**独占権を勝ち取った**。

収益があがる戦略を次々と打っていく彼の名声はすぐに国際的となっていった。

巨万の富を誇る“ホー帝国”を築く過程で、マカオはマフィアや売春婦たちを惹きつける。ホーは彼らを相手に戦うこともあったが、その多くは交渉したり手を組んだりしてきた。時には中国本土の共産党政府も相手にした。

1999 年、マカオがポルトガルから中国に返還された。独占権を喪失した後も主要なカジノのオーナーとして君臨しつづけたが、2020 年香港で 98 才の波乱に満ちた生涯を終える。

彼が整備したマカオの空港や港、街並みには今も多くの観光客が訪れている。

エルサレム、ロードス及びマルタにおける聖ヨハネ主権軍事病院騎士修道会

マルタ騎士団

Knights of Malta
(Sovrano Militare Ordine Ospedaliero di San Giovanni di Gerusalemme di Rhodi e di Malta)

人口 500名（13,500人）
パスポート所有者（騎士団員）

面積 ―
GDP ―　兵力 ―
治安 ―　幸福 ―

国名コード➡ ―
主な住民➡ ―
主な言語➡ イタリア語
主な宗教➡ カトリック
主な産業➡ 寄付等

領土なき国家

キリスト教カトリック教会の騎士修道会で、**聖ヨハネ騎士団、ホスピタル騎士団、ロードス（ロドス）騎士団とも呼ばれた**。
11世紀に起源を持つ宗教騎士団で、テンプル騎士団、ドイツ騎士団と共に、中世ヨーロッパの三大騎士修道会の一つに数えられた。
現在は領土を持たないが、112ヶ国と外交関係があり、国際連合や欧州連合(EU)にオブザーバーとして参加し国際法上の「主権実体」として認められている。所在するイタリアの首都ローマにある本部建物では、治外法権を認められ「領土なき国家」とも呼ばれる。
マルタ騎士団はカトリック信者の貴族が、巡礼者の警護と医療を行うことを目的に、エルサレムに作られた聖ヨハネ病院が起源とされる。
十字軍遠征で派遣され、兵士たちの治療にあたりナイト・ホスピタラー（病院騎士）と呼ばれた。
1113年、ローマ教皇により正式に聖ヨハネ騎士修道会として認可され、徐々に軍事的要素が強くなり聖地の防衛の主力として活躍するようになる。
イスラム教によりエルサレムが陥落すると、キプロス島に本拠地を移す。病院の運営を行いながらも、イスラム教の船舶を襲い、またローマ法王と敵対するロードス島を占領、本拠をロードス島に移し、以後ロードス騎士団と呼ばれた。
数度のイスラム勢力の襲撃を防衛し、騎士団の評判は高まったが1522年、オスマン帝国の大軍勢についに敗北しロードス島から撤退。騎士団は本拠地を転々としていたが、神聖ローマ帝国皇帝からマルタ島を与えられ、オスマン帝国からのマルタ島の防衛を任されることとなる。マルタ騎士団と呼ばれるようになった彼らは、マルタ島を要塞化し異教徒との戦いに備えた。
1565年、オスマン帝国の大艦隊がマルタを包囲した。**騎士団側の8割が死傷**し、オスマン帝国も多くの死者を出したこの戦いは、当時の史上最大の攻防戦となった。島を守りきった騎士団は、地中海に勢力を広げ続けるオスマン帝国の不敗神話を挫いた。
その後異教徒の脅威が減少し、2世紀がすぎた。
時代は変わり同じカトリックであるフランスのナポレオンに侵攻を受け、騎士団はマルタ島から退去することを選択。再び戻ることはなかった。
領土喪失後もマルタ騎士団は国家としての主権が承認され、本拠地をローマへと移す。以降マルタ騎士団は軍事的任務から離れ、原点である「病者と貧者への献身」の活動に戻り、国際慈善活動に注力するようになる。

マルタ共和国

Republic of Malta

人口 520,000 人
面積 316km²
GDP 177.8 億ドル
兵力 1,700 人
治安 57.5　幸福 6.447

国名コード➡ MT / MLT
主な住民➡ マルタ人（北アフリカ系、中近東系、ヨーロッパ系）
主な言語➡ マルタ語、英語
主な宗教➡ カトリック
主な産業➡ 製造業（主に、半導体、繊維、造船、船舶修理）、観光

侵略と支配に耐え抜いた地

マルタ島に人類が到達したのは紀元前5900年頃とされ、農耕が行われていた。土壌の悪化などで一度放棄されるが、再び人が移住し、巨石神殿を築いた。

フェニキア人やローマ人がこの地を支配し、紀元1世紀に使徒パウロが漂着したことでマルタにキリスト教が伝来する。その後ローマ帝国領を経て、中世にいたるまで、時代ごとの有力国家に奪い合われ続け、支配を受けてきた。

16世紀には神聖ローマ皇帝が、マルタ諸島を聖ヨハネ騎士団（マルタ騎士団）に与え、260年にわたる**ヨハネ騎士団の統治が始まった**。ヨハネ騎士団はホスピタル（病院）騎士団としてエルサレムに設立されたが、十字軍戦役で武装化が進み、キリスト教世界における最も重要な宗教騎士団の一つとなっていた。

騎士団は島の統治をはじめ、マルタ騎士団と呼ばれるようになり、イスラム勢力の侵略から島を防衛し発展させていく。大病院や学院を設立し、宮殿や庭園を建設。芸術活動も盛んとなり、マルタ島を**飛躍的に繁栄**させていった。

しかし1798年、ナポレオン率いるフランス軍によってその繁栄も終りを告げる。フランス軍はマルタ島を占領し、マルタ騎士団は追放される。

フランス統治による急進的な改革に、マルタ住人たちは反乱を起こす。これをきっかけに、反フランス連合国の艦隊が包囲し、再び戦地となっていく。

イギリスの領地となってからは、軍事上の重要拠点とされ、地中海艦隊の軍事基地となっていく。

第一次世界大戦では連合国側の負傷した将兵を受入れ「地中海の看護婦」と呼ばれたが、第二次世界大戦中にはこのマルタ島の重要度が高まり、敵対する枢軸国側の大攻撃を受けることになる。この小さな島に数千回に及ぶ集中した爆弾投下が繰り返され、枢軸国と連合国との激戦地となった。

この空爆と戦いに耐え抜いたマルタの人々を称し、1942年にイギリス国王はマルタ島と全てのマルタ国民に対してジョージ・十字勲章を授与した。このジョージ・クロスはマルタの現国旗の左上にも掲げられた。

1964年、マルタ直轄植民地はイギリス連邦王国自治領マルタ国として独立を果たした。以後君主制から共和制に移行、2004年には欧州連合に加盟した。

ミクロネシア連邦

Federated States of Micronesia

経済力
幸福度
治安
面積
人口
軍事力

- 人口 115,000 人
- 面積 702km²
- GDP 4.2 億ドル
- 兵力 アメリカ合衆国
- 治安 不明（良好） / 幸福 不明

国名コード➡ FM / FSM
主な住民➡ ミクロネシア系
主な言語➡ 英語、現地語
主な宗教➡ キリスト教
主な産業➡ 水産業、観光業、農業（ココナッツ、タロイモ、バナナ等）

精霊の領域に魔法使いが作った都市

太平洋西部の赤道のすぐ北にある600を超える島々で構成されるミクロネシア連邦。
スペイン人の来航から始まり、ドイツや日本、アメリカの統治を経て、1986年独立した国家となった。
紀元前4000年から定住者がいたとされ、今のミクロネシア連邦の首都が置かれているポンペイ島では西暦1000年頃から王朝が成立していた。
ポンペイ島の南東部には、ナンマトル（ナンマドール）と呼ばれる人工島群の遺跡がある。この人工島は海底から巨大な柱状の岩を縦横に組み上げられている。石積みの城壁のような人工島は100以上あり、大きな島だと高さ8mにもなり、王や祭祀者の住居、墓所や儀式の場、工房などがあったとされる。巨石は数トンから数十トンにもなる玄武岩を加工して積み上げられたもので、どのような技術を使ったのかは未だ解明されていない。少なくとも、当時の彼らは金属器を持たず、水準器、滑車、車輪のいずれも利用していなかった。
ナンマトルの伝説では、神あるいは魔術師とされる2人の兄弟が西方の**伝説の地「風下のカチャウ」**からポンペイ島にやってきた。彼らは近くの海中に精霊の領域を見つける。
そこは彼らが来る以前に、高度な文明を持ち豪華な宮殿や神殿、広大な庭園が存在し神々や精霊たちが住む聖なる場所だった。しかし、ある時人間との間に争いが起こったため、神々と精霊はこの聖なる**都市を海底に沈めてしまった**という。魔術師の兄弟は、ここに都市を築くことを決心する。石を宙に浮かせてナンマトルを組み上げていき、その作業規模が大きくなるに従い、島民たちも協力するようになった。
その後ここには王朝が築かれ、最盛期には25,000人の人々が居住した。しかし最後の王は、島の最高神を迫害したことで、神は「風下のカチャウ」に逃げ、その神の息子が333人の仲間を引き連れて王朝を滅ぼすこととなった。
この伝承から、沈んだ都市は、**太古に消えたムー大陸の都**だったのではと言われたこともあった。また、日本の浦島太郎伝説にも影響したと言われる。
またナンマトルとは現地語で、「神々と人間との間に広がる空間」という意味を持つ。

モナコ公国
Principality of Monaco

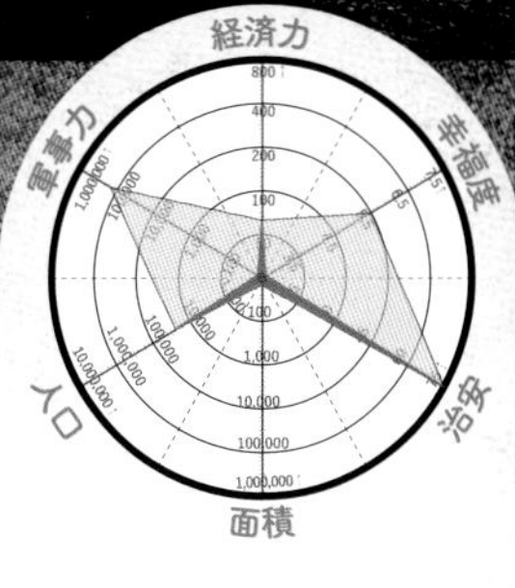

人口 39,000 人
面積 2km²
GDP 68 億ドル
兵力 フランス共和国
治安 75.4 幸福 不明

国名コード➡ MC / MCO
主な住民➡ モナコ人、外国人（フランス、イタリアなど）
主な言語➡ フランス語
主な宗教➡ カトリック
主な産業➡ 観光業、金融業

「狡猾な男」の奇策から始まる最も裕福で小さな国

この地に建てられた要塞を政治的対立勢力から奪い取った貴族が、現在までモナコ公国を統治し続けるグリマルディ家だ。

13 世紀末、モナコ要塞に修道士の一団が訪れる。彼らは城内に潜入すると**法衣に隠した武器を取り出し、一気に砦を占領した**。首謀者はグリマルディ家の傍流であるフランソワ・グリマルディで、彼は傭兵業で生計をたてる貴族だった。

立身のために策を立て一城の主となった彼だったが、本国ではこの行為で「狡猾な男」と蔑まれ、本家グリマルディ家も彼を非難せざるを得なかった。

対立勢力によって本国から兵が向けられ、フランソワはやむなく逃亡。失意の内に亡命先で死亡する。しかし、ここでグリマルディ本家はフランソワの従弟を領主として、モナコの領有権の主張を展開。派閥勢力の拡大とともに領地として認知されていった。

15 世紀になると、台頭してきたアラゴン王国（スペインの前身）に占領されたモナコだったが、海洋貿易や金融業で財をなしていたグリマルディ家はアラゴン王国からモナコを「購入」し領地を取り返す。

その後、フランス王ルイ 13 世の保護下に入ることでスペインからの支配を抜け出した。フランス王の臣下として公爵の称号を得て、さらに独立君主であるモナコ公として即位することに成功する。

フランス革命勃発に伴い、併合や他国の保護下となるが、1861 年フランスにモナコの**領土の 95% を売却**するかわりにグリマルディ家モナコ公国は主権を回復した。

わずかな領土となったモナコは永続的な収入源のために、売却金で高級リゾート地の開発を進める。富裕層に絞ったホテルやカジノ経営は成功をおさめ、国民の所得税など廃止、瞬く間にモナコ公国は豊かになっていった。

しかし 20 世紀に入ると、アメリカ・ラスベガスにカジノ客を奪われていく。そこで当時のモナコ公は事業税を低くし銀行や企業を誘致、高級マンションを建設する。**アメリカの有名女優と婚姻**したことも話題となり、ハリウッドのスターたちや世界中の富裕層が訪れる場所となった。

近年では観光と金融業とともに、精密工業や環境、バイオテクノロジー、医療研究等の高付加価値産業を重視。住人の約 3 分の 1 がミリオネアである。

モントセラト（イギリス海外領土）

Montserrat

人口 4,649 人
面積 102 km²
GDP 0.5 億ドル
兵力 イギリス
治安 不明（イギリス）　幸福 不明（イギリス）

国名コード➡ MS / MSR
主な住民➡ アフリカ系黒人
主な言語➡ 英語
主な宗教➡ キリスト教
主な産業➡ 農業（バナナ）

台風と火山噴火で壊滅した国

1997年、硫黄の山と名付けられた活火山が大噴火を起こした。火砕流が発生し、死者行方不明者を出しながら、**都市は瞬く間に飲み込まれていった**。

カリブのエメラルド島と呼ばれたモントセラトには紀元前500年頃に定住が始まり農耕や漁業を営んでいた。
1632年イギリスによる植民地化が始まり、黒人奴隷による砂糖などのプランテーションが展開された。
その後植民地から海外領土としての地位が与えられ、モントセラトの地方政府が行政を運営していた。
1989年、カリブ諸島を襲ったハリケーンの直撃により島の90%を破壊され、産業や住居は壊滅的な被害を受けた。
復興が進められている中、今度は300年ぶりに火山が噴火し、地形が変わるほどの被害を出し、人口の2/3が島外へ避難。宗主国のイギリスが救助のため軍艦を派遣した。
そのわずか2年後に再び大噴火を起こす。首都は大量の火山灰で飲み込まれ、放棄される。さらに数年後にも大噴火を起こしこの間に人口は激減、島はゴーストタウンとなった。

地球の火山活動によって、歴史上、人類は数々の大災害に見舞われてきた。約7万年前の人類原始の古代、地球は大規模の火山噴火によって、気候の寒冷化を引き起こしたという説がある。あらゆる動植物は衰退し、回復不可能なレベルまで減少、この事変により、人類は**絶滅寸前まで追い込まれた**。
人類は700万年前に類人猿としてスタートし、現人類のホモ・サピエンス（新人）には20～30万年前に進化した。母親から引き継がれる「ミトコンドリア・イヴ」、男性にのみ引き継がれる「Y染色体アダム」などの遺伝子分析によると、人類の最も新しい共通祖先は16～30万年前にアフリカにいた男女にたどり着く。
かろうじて生き残った人類は、極めて少ない人口から増殖していった。
そして彼らの子孫が再び5～6万年前に世界各地へ拡散し、現在につながる文明の歴史が始まった。

2005年モントセラトで空港が開港した。住人は徐々に戻りはじめ、観光業に力を入れはじめた2019年、世界的なコロナウイルスによるパンデミックが発生。
幾度の悲劇で壊滅した国土と経済。それでも再び復興は進められている。

リヒテンシュタイン公国

Principality of Liechtenstein

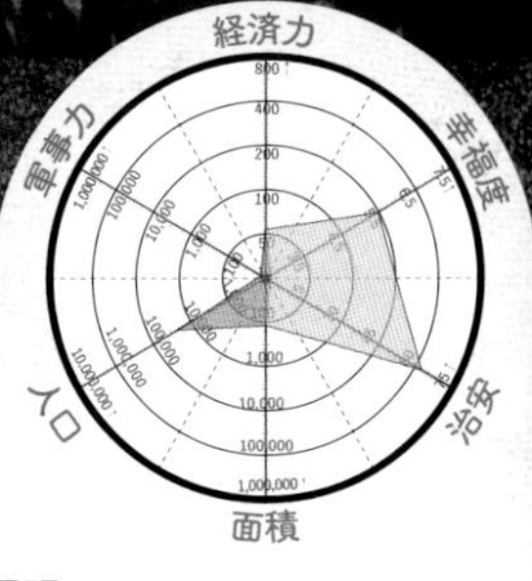

人口 39,000 人
面積 160km²
GDP 61 億ドル
兵力 0 人
治安 不明（良い） 幸福 不明

国名コード➡ LI / LIE
主な住民➡ ドイツ系
主な言語➡ ドイツ語
主な宗教➡ カトリック
主な産業➡ 精密機械、医療機器、観光業、金融業

神聖ローマ帝国貴族の経営国家

オーストリアの西隣に、リヒテンシュタイン公国という小国がある。**現在も中東欧に膨大な土地を保有する**リヒテンシュタイン侯爵家の所領の一部が、このリヒテンシュタイン公国だ。

リヒテンシュタイン家は、国外にもつ広大な所有地による財力以外にも、銀行や不動産、投資会社などを運営しているため、この国からの歳費を受け取らず、逆にこの国へ数十億ドル規模の事業投資を行っている。

正式名称が公国（侯国）であるように、リヒテンシュタイン公が国家元首で、その地位は世襲されている。国民の自由な権利が憲法で保証されており、一院制の議会政治が行われているため、立憲君主制国家となるが、他の君主国家とは異なり、侯爵が政治に関して大きな権限を持っている。あらゆる立法に対する拒否権や議会の解散、大臣を解任することもできる。

ヨーロッパでの君主の中では最も資産家といわれ、国民の**支持率も高く、安定した裕福**な国のひとつである。

リヒテンシュタイン家の始祖は、有力貴族の家臣として、12 世紀始め頃にオーストリアにやってきた。その才覚を発揮して大出世した彼により諸侯の資格を持たない下級貴族ながらも、神聖ローマ帝国の一部の領主家としてリヒテンシュタイン家は継続していった。

その後オーストリアの領主となったハプスブルグ家に仕え、多くの功績を残す。17 世紀には神聖ローマ皇帝によって侯爵の地位が与えられた。徐々に所領を増やし、現在のリヒテンシュタイン公国の地を取得する。ただし、歴代君主はこの地ではなくオーストリアのウィーンに居住していた。

その後神聖ローマ帝国が解体されると主権国家として独立。非武装中立を方針としたが、２度の世界大戦ではオーストリアと緊密であったことを理由に連合国からの経済的圧迫や、オーストリアを併合したドイツにより多くの資産や領土が没収される。

いくつかの居住を奪われた侯爵は、以後このリヒテンシュタインに永住することになる。

戦後の悪化したリヒテンシュタインの経済に対し、侯爵家は所有の芸術品を売却し復興を図った。さらに法人税を低くすることで世界の多くの会社を誘致。金融センターとして経済を好転させることに成功する。

現在はスイスと親密に外交し、通貨もスイスフランを使用している。

リベリア共和国
Republic of Liberia

- 人口 5,258,000 人
- 面積 111,370km²
- GDP 39.7 億ドル
- 兵力 2,100 人
- 治安 不明（落ち着いている）
- 幸福 5.122

国名コード➡ LR / LBR
主な住民➡ クペレ族、バサ族、グレボ族等
主な言語➡ 英語、部族語
主な宗教➡ キリスト教、イスラム教
主な産業➡ 鉱業（鉄鉱石、金、ダイヤモンド）、農林業（天然ゴム、木材）

元奴隷達が作った「差別の国」

アメリカ合衆国では、南北戦争によって奴隷制度が完全廃止になる前から、町には徐々に自由黒人が増えていた。白人有志が「アメリカ植民協会」を創設し、解放された**自由黒人たちをアフリカに帰還**させる計画を立てた。そして以後 30 年にわたり、1 万人を超える解放奴隷の自由黒人が海を渡ることとなる。

移住した自由黒人は開拓を進めていったが、すでにアメリカで進んだ文明を知っている彼らと先住民との知識格差は激しく、それは徐々に**先住民の黒人を政治的、経済的に従属**させ、支配階級を形成していった。1847 年に憲法を制定し、黒人の国家としてアフリカ最初の共和国、「自由」を意味するリベリアが建国される。
移住した自由黒人たちは総人口では少数だったが、国内では絶対的な権力を握っていく。
主要輸出産業のコーヒー豆が他国との価格競争で破れ、約 50 年の経済不況が続くが、アメリカのゴム需要が増すなかでタイヤ会社と契約し、ゴム農園を展開。国家財政は持ち直す。ただし、それは奴隷制のような先住民の重労働を伴い、アメリカ系解放黒人の子孫と、アフリカ先住民との経済格差はますます拡大していった。先住民は差別され圧政に苦しんでいく。
ついに先住部族出身者によるクーデターが勃発。大統領は暗殺され、アメリカ系黒人の支配が終わった。
クーデター政権がスタートするが、出身民族を優遇する独裁政権に対し、反発した他の部族出身者が武装蜂起する。しかし、政権はその部族を制圧し虐殺した。
1985 年、アメリカ系黒人と先住民の混血である者が率いる反政府組織が蜂起。2003 年まで断続的に内戦による情勢不安は続いていった。
以後、国連の多国籍軍が介入。国連ミッションに基づく選挙を経て、アフリカ初の女性大統領が選出。貧困削減、インフラ整備、治安の強化、ガバナンス強化等を柱とした復興への取り組みが進められた。
2017 年には、「リベリアの怪人」と呼ばれた元サッカー選手が大統領に選出。
フランス、イタリアなどのクラブに所属して活躍していた彼は内戦で傷ついた祖国に基金を設立している。